Die Wirkungsgrenzen der Abstammungsurteile

von

Dr. habil. Herbert Schönfeld
Landgerichtsdirektor in Graudenz

Berlin 1943

Walter de Gruyter & Co.

vorm. G. J. Göschen'sche Verlagshandlung — J. Guttentag, Verlagsbuchhandlung — Georg Reimer — Karl J. Trübner — Veit & Comp.

Inhaltsverzeichnis.

II. Hauptteil. Völlige Verneinung der Rechtskraft.

§ 1. Zahlvaterschaft, Familienrechtsstand und biologische Abstammung.

Die Abstammung eines Kindes hat nach unserer Rechtsordnung eine dreifache Bedeutung.

I. Nach ihr beurteilt sich die — namentlich für uneheliche Kinder eine besondere Behandlung erfahrende — Unterhaltspflicht; man verwendet hier auch den Ausdruck „Zahlvaterschaft".

II. Nach ihr richtet sich ferner die besonders für eheliche Kinder vom Gesetz eingehend geregelte familienrechtliche Stellung.

III. Schließlich bezeichnet die Abstammung eine rein physische oder biologische menschliche Eigenschaft, die sich für den Sippenforscher, bei medizinischen Anamnesen, bei dem Ariernachweis und auch sonst gelegentlich im öffentlichen Recht von Wichtigkeit erweist.

I. Zahlvaterschaft.

Über die „Zahlvaterschaft" sind, wie allgemein anerkannt und auch gar nicht zweifelhaft ist, Feststellungsklagen zulässig. Über sie entscheidet das Amtsgericht (§ 23 GVG.). Materiellrechtlich richtet sich die Entscheidung nach den §§ 1717f. BGB. Der Klage auf Feststellung der Vaterschaft ist danach schon dann stattzugeben, wenn lediglich feststeht, daß der als Vater in Anspruch genommene Mann mit der Kindesmutter innerhalb der Empfängniszeit Geschlechtsverkehr gehabt hat und andererseits nicht feststeht, daß auch ein anderer Mann in der gleichen Zeit mit der Kindesmutter Geschlechtsverkehr gehabt hat, wobei allerdings eine Beiwohnung außer Betracht bleibt, wenn es offenbar unmöglich ist, daß das Kind aus dieser Beiwohnung hervorgegangen ist. Das Urteil über die Zahlvaterschaft lautet meist: „Es wird festgestellt, daß der Beklagte als Erzeuger des Klägers gilt." Mit dieser dem Wortlaut des § 1717 entlehnten Formulierung soll klargestellt werden, daß das Urteil keine Feststellung der wirklichen Vaterschaft enthält. Es kommen aber auch Urteile vor, in denen schlechthin die Feststellung ausgesprochen wird, daß der Beklagte der Vater des Klägers sei; dann ergibt sich aus dem sonstigen Zusammenhang des Urteils, daß gleichwohl nichts anderes als die Voraussetzungen des § 1717 geprüft und festgestellt sind. Ein sachlicher Unterschied solcher

Urteile, die die Vaterschaft, nicht nur ihr „Gelten“ feststellen, besteht gegenüber jenen nicht.

Der Versuch, mittels des Unterhaltsanspruches die wirkliche Abstammung gerichtlich prüfen und feststellen zu lassen, etwa dadurch, daß auf Feststellung der Unterhaltspflicht nicht unter Berufung auf § 1717 BGB., sondern unter Berufung auf die wirkliche, biologische Abstammung geklagt wird, ist mit dem geltenden Prozeßrecht nicht vereinbar[1]). Wenn der Geschlechtsverkehr innerhalb der Empfängniszeit nachgewiesen und andererseits ein Mehrverkehr nicht erwiesen ist, so ist der Rechtsstreit zur Entscheidung reif, und er kann nicht auf Betreiben einer oder beider Parteien zur Ermittlung der biologischen Abstammung fortgesetzt werden. In § 300 ZPO. ist ausdrücklich angeordnet, daß ein Endurteil zu erlassen ist, wenn der Rechtsstreit zur Entscheidung reif ist.

II. Familienrechtliche Stellung.

Für die familienrechtliche Stellung eines Kindes ist zu unterscheiden, ob es sich um den Familienstand als eheliches Kind oder als uneheliches Kind handelt.

1. Statusklage über den Familienstand als eheliches Kind.

Für die gerichtliche Feststellung des Familienstandes als eheliches Kind ist der gesetzlich genau geregelte Weg der Statusklage nach den §§ 640ff. ZPO. bereitgestellt. Das Verfahren ist durch die Untersuchungsmaxime, die Beteiligung der Staatsanwaltschaft und durch die gegen alle wirkende Rechtskraft gekennzeichnet. Diese Besonderheiten sind nach Grund und Wirkung eindeutig. Die Familienrechtsstellung als eheliches Kind ist nicht nur für die beiden Beteiligten, Vater und Kind, von Wichtigkeit, sondern sie kann auch für jeden beliebigen Dritten, der in eine Rechtsbeziehung zu dem Kinde tritt, rechtlich erheblich werden. So ist die gesamte vermögensrechtliche Stellung, ja überhaupt die ganze Rechtsstellung eines minderjährigen Kindes gegenüber Dritten und für Dritte davon abhängig, ob es rechtlich das eheliche Kind eines bestimmten Mannes ist. Denn als Außenwirkung des ehelichen Kindschaftsverhältnisses hat z. B. jeder Dritte schon die gesetzliche Vertretung durch den Vater zu beachten. Auch das Erziehungsrecht in Verbindung mit der Aufsichtspflicht hat eine

---

[1]) So empfiehlt es wohl Kuttner, dessen Ausführungen in IhJ. 50, 412ff. sich das RG. in der Entscheidung JW. 38, 245, die die Zulässigkeit der biologischen Abstammungsklagen erstmalig bejahte, zu eigen gemacht hat.

Außenwirkung, weil der Vater gegebenenfalls jedem Dritten für den Schaden, den das unbeaufsichtigte Kind verursacht, haften muß. Das Recht auf Herausgabe eines Kindes wirkt ebenfalls gegen Dritte. Auch die Erbrechtsstellung eines Kindes als gesetzlicher Erbe oder als Pflichtteilsberechtigter, seine Stellung als möglicher Anerbe, der Erwerb der Staatsangehörigkeit nach dem Vater, das Zeugnisverweigerungsrecht, die verschiedenen steuerrechtlichen Anknüpfungen, sie alle sind Rechtsfolgen der ehelichen Abstammung, durch die die familienrechtliche Beziehung zwischen Vater und Kind weitreichende Außenwirkungen aufweist. Bestehen Zweifel an der Familienrechtsstellung, so ist damit also nicht nur das Verhältnis zwischen Vater und Kind in Zweifel gezogen, sondern auch alle Außenverhältnisse und öffentlich-rechtlichen Verhältnisse des Kindes, die im Einzelfalle zahllos sein können. Es wäre praktisch unerträglich, wollte man für jede der Außenwirkungen einen besonderen Rechtsstreit zulassen, der dann auch jeweils verschieden ausgehen könnte. Mit gutem Grund hat daher das Gesetz auch für die Außenwirkungen des Kindschaftsverhältnisses eine sichere Grundlage geschaffen und hat bestimmt, daß das, was zwischen Vater und Kind rechtskräftig festgestellt ist, auch für alle Außenwirkungen maßgeblich ist.

Dieses Statusverfahren dient aber nur der Feststellung des familienrechtlichen Verhältnisses zwischen Vater und Kind, zur Ermittlung der blutmäßigen Abstammung kann es nicht immer verwendet werden. Denn ebenso wie für die Unterhaltspflicht gegenüber einem unehelichen Kinde ist auch für die Rechtsstellung als eheliches Kind nicht immer die wirkliche Abstammung die maßgebliche materiellrechtliche Voraussetzung, sondern der Familienrechtsstand wird oft an Tatbestände angeknüpft, die nur die Möglichkeit einer Abstammung zulassen. So ist nach § 1591 BGB. ein Kind ehelich, wenn es nach der Eingehung der Ehe geboren ist, und wenn der Ehemann mit der Kindesmutter innerhalb der Empfängniszeit Geschlechtsverkehr gehabt hat; diese letzte Tatsache wird auch noch vermutet (§ 1591 Abs. 2). Selbst dann, wenn das Kind „offenbar unmöglich" von dem Ehemann der Mutter abstammt, ist es gleichwohl dessen eheliches Kind, wenn dieser die Ehelichkeit des Kindes nicht innerhalb eines Jahres seit der Erlangung der Kenntnis von der Unmöglichkeit angefochten hat. Zwar ist die Versäumung der Anfechtungsfrist, die am sinnfälligsten eine endgültige Verschiedenheit zwischen Familienrechtsstand und Abstammung herbeiführen kann, jetzt in ihrer Wirkung erheblich abgeschwächt, weil nach § 1595a BGB. der Staatsanwalt fristlos die Anfechtungsklage erheben kann. Aber auch seine Anfechtungsklage ist nach den materiellrechtlichen Voraussetzungen der Ehelichkeit in § 1591 BGB. zu entscheiden, und das hat zur Folge, daß das Statusverfahren, gleichgültig, ob es von dem Vater, dem Kinde oder dem Staatsanwalt eingeleitet ist, keine Garantie für die Ermittlung der wirklichen Abstammung bietet, weil nach § 1591 BGB. die Anfechtungsklage nur begründet ist, wenn es offenbar unmöglich ist, daß das Kind von dem Ehemann der Mutter abstammt. Die Beweislast trägt also gewissermaßen die „Unehelichkeit" des Kindes; mißlingt der Abstammungsbeweis, dann muß die Anfechtungsklage abgewiesen und damit positiv die Ehelichkeit des Kindes festgestellt werden, und diesen Beweis der Nichtabstammung hat das Gesetz mit Vorbedacht sehr strengen Anforderungen unterstellt. Zwar hat die Rechtsprechung in der letzten Zeit die Bedeutung der zu beweisenden „offenbaren Unmöglichkeit" etwas abgeschwächt[2]), aber die Anforderungen sind immer noch sehr streng. Ein positives Statusurteil nach den §§ 640ff. ZPO. hat also für die Abstammungsfrage kaum einen größeren Beweiswert als das Unterhaltsurteil bei unehelichen Kindern. Im Gegenteil, durch die noch schärferen Beweislastbestimmungen zuungunsten des Mannes bietet das zu einem positiven Feststellungsurteil kommende Statusverfahren eine noch geringere Garantie für die Ermittlung der wirklichen Vaterschaft als das Verfahren über die Feststellung der Zahlvaterschaft bei unehelichen Kindern. Daran ändert das oft hervorgehobene Untersuchungsprinzip nicht viel; denn auch im einfachen Beweisverfahren werden wohl regelmäßig, notfalls auf Anregung des Gerichts (§ 139 ZPO.), alle nur irgendwie aussichtsvoll erscheinenden Beweismittel beantragt und erschöpft.

2. Statusklage für den Familienstand als uneheliches Kind.

Für den Familienstand der unehelichen Kinder ist ein gegen alle wirksames Statusurteil ähnlich dem nach §§ 640ff. ZPO. nicht zugelassen. Der § 644 ZPO. schließt es sogar ausdrücklich aus; und zunächst mit Recht. Die familienrechtliche Stellung eines unehe-

---

[2]) RG. 163, 323: „Nachdem gerade wegen der öffentlichen Belange das Verfahren der §§ 640ff. ZPO. mit seinen besonderen Sicherungen für eine richtige Entscheidung hier für anwendbar erklärt worden ist, wird das Erfordernis einer besonders strengen Beweiswürdigung nicht mehr aufrechterhalten werden können. — Es sei aber darauf hingewiesen, daß an die Führung des Beweises im Rechtsstreite nicht zu hohe Anforderungen gestellt werden dürfen."

lichen Kindes zu seinem außerehelichen Erzeuger erschöpft sich, abgesehen von der Unterhaltspflicht, in folgenden vier bloßen Eventualitäten: der Möglichkeit einer Legitimation durch nachfolgende Ehe (§ 1719 BGB.), der Möglichkeit einer Ehelichkeitserklärung (§ 1783 BGB.), der Möglichkeit einer Anerbenbestellung (§ 25 REG.) und der Unmöglichkeit einer Eheschließung mit dem Erzeuger (§ 6 EheG.). Sie ist auch in zwei Fällen ohne jede Bedeutung für außenstehende Dritte. So ist die Ehelichkeitserklärung als Staatsakt wirksam bis zu ihrer Rücknahme, auch wenn das Kind nicht von dem Manne abstammt, als dessen eheliches Kind es erklärt ist. Und die Eheschließung zwischen Erzeuger und seinem unehelichen Kinde ist zwar nichtig, aber sie muß nach § 27 EheG. von und gegen jedermann so lange als gültig behandelt werden, bis auf die Klage des Staatsanwalts oder eines der beiden Ehegatten die Ehe im gerichtlichen Ehenichtigkeitsverfahren für nichtig erklärt worden ist. In den beiden anderen Fällen hat dagegen die Ungewißheit über die Rechtsstellung als uneheliches Kind in der Tat eine gewisse Bedeutung auch für außenstehende Dritte. Hat der angebliche Erzeuger des Kindes die Kindesmutter geheiratet, dann hat das Kind die Stellung eines ehelichen Kindes nur erlangt, wenn es wirklich von ihm abstammt, oder wenigstens ein Geschlechtsverkehr der beiden jetzigen Ehegatten innerhalb der Empfängniszeit stattgefunden hatte. Die Ungewißheit darüber berührt jeden Dritten, der mit dem Kinde in rechtliche Beziehungen tritt. Jedoch geht es hier nicht mehr um die Frage, ob das Kind die Rechtsstellung eines unehelichen Kindes dieses Mannes hatte, sondern darum, ob es jetzt sein eheliches Kind geworden ist. Zur Feststellung dieser Ungewißheit ist aber das normale Statusverfahren über den Familienstand als eheliches Kind möglich und angebracht. Im letzten Falle, dem des § 25 REG., ist die Anerbeneinsetzung in ihrer materiellen Wirksamkeit schlechthin davon abhängig, daß das Kind von dem Erzeuger abstammt. Das kann für jeden beliebigen Dritten, der mit dem „Kinde" als dem neuen Bauern in Rechtsbeziehungen tritt, von rechtlicher Wichtigkeit sein. Das Gesetz hat ein Gerichtsverfahren, in dem diese Ungewißheit ein für allemal und mit Wirkung gegen alle festgestellt werden könnte, nicht zur Verfügung gestellt. Hier würde also ein Statusverfahren über die uneheliche Abstammung des Kindes mit allgemeiner Rechtskraft eine gewisse Bedeutung haben. Aber dieser eine mögliche Sachverhalt, daß unter den vielen Millionen unehelicher Kinder wirklich einmal ein Bauer ausgerechnet ein uneheliches Kind, dessen Abstammung zweifelhaft ist, zum Anerben seines Hofes einsetzt, kann die Zulässigkeit von Statusverfahren über die Rechtsstellung unehelicher Kinder nicht begründen. — Man könnte noch an einen anderen Grund denken, der die Feststellung der familienrechtlichen Rechtsstellung mit allgemeiner Rechtskraft rechtfertigen könnte. Ein derartiges Urteil wäre vielleicht als eine Grundlage zu einem Randvermerk im Sinne des § 30 PStG. ausreichend. Das ist jedoch nicht richtig. Nach § 30 PStG. ist ein Randvermerk einzutragen, wenn eine „Abstammungsfeststellung" mit allgemeinverbindlicher Kraft ergangen ist. Damit ist klargestellt, daß nicht ein Urteil über den rechtlichen Familienstand als uneheliches Kind, der sich von der Abstammung entfernen kann, ausreicht, sondern daß die Feststellung über die wirkliche, die biologische Abstammung ergangen sein muß.

Besteht sonach schon kein Grund, ein allgemein wirkendes Urteil über den Familienstand als uneheliches Kind eines bestimmten Mannes zuzulassen, so steht auch der Durchführung einer darauf abzielenden Klage entgegen[3]), daß die Familienrechtsstellung mit ihren vier Rechtslagen materiellrechtlich nicht einheitlich von denselben Voraussetzungen abhängig, sondern zuweilen an verschiedene gesetzliche Tatbestände geknüpft ist. So ist, wie schon erwähnt, die Unterhaltspflicht gegenüber einem unehelichen Kinde nicht von der wirklichen Vaterschaft abhängig, sondern es genügt grundsätzlich der Geschlechtsverkehr innerhalb der Empfängniszeit. Noch mehr fällt die wirkliche Abstammung mit dem familienrechtlichen Verhältnis auseinander bei der Legitimation durch nachfolgende Ehe. Wie bei ehelichen Kindern die Geburt innerhalb einer Ehe als äußerer Anhaltspunkt genügt, ist hier der bloße Geschlechtsverkehr innerhalb der Empfängniszeit unter Ausschluß des Mehrverkehrseinwandes als ausreichende Grundlage angeordnet. Weiter ist der Anerkennung der Vaterschaft die sehr wirksame Rechtsbedeutung beigelegt, daß ein Geschlechtsverkehr innerhalb der Empfängniszeit vermutet wird. Durch die Eheschließung kann also der vermeintliche Vater für das Kind eine Rechtslage schaffen, die sich von der wirklichen Abstammung sehr entfernen kann. Die

[3]) A. M. Kuttner a. a. O. Ferner Hellwig, Lehrbuch (1903) I, S. 195 Anm. 20; Kipp bei Enneccerus IV, § 95 II 4. Diese beiden letzten geben jedoch keine Begründung für ihre Ansicht. Auch Kuttner will, genau besehen, nicht eine Feststellungsklage über die familienrechtliche Rechtsstellung, sondern eine Klage über das Bestehen eines Abstammungsverhältnisses als Grundlage der einzelnen familienrechtlichen Folgen zulassen.

Ehelichkeit ist nach dieser gesamten Regelung z. B. positiv festzustellen, wenn zwar der Geschlechtsverkehr der Kindesmutter mit einem anderen Manne innerhalb der Empfängniszeit feststeht, es aber umgekehrt nicht feststeht, ob die Kindesmutter mit ihrem nachmaligen Ehemann ebenfalls in dieser Zeit Verkehr gehabt hat. — Für die Ehelichkeitserklärung ist in § 1735a BGB. ausdrücklich bestimmt, daß sie nur „zurückgenommen" werden kann, wenn sich herausstellt, daß das Kind nicht von dem „Vater" abstammt. In § 25 REG. ist dagegen unabgeschwächt die wirkliche Abstammung als die Grundlage der Einsetzbarkeit zum Anerben aufgestellt. Ebenso ist die letzte familienrechtliche Wirkung, das Eheverbot des § 6 EheG., voll von der wirklichen Abstammung abhängig. Die familienrechtliche Stellung eines unehelichen Kindes ist also gegenüber der des ehelichen Kindes zuweilen enger an die natürliche Abstammung angelehnt, ohne jedoch mit ihr immer übereinzustimmen. Besonders bemerkenswert ist für sie, daß nicht einheitlich alle Rechtslagen, deren Summe man als die Familienrechtsstellung des unehelichen Kindes bezeichnen mag, von dem gleichen Tatbestande abhängen, daß vielmehr für die einzelnen Rechtsfolgen Tatbestände rechtserheblich sind, die untereinander in verschiedenem Umfange von der wirklichen Abstammung abweichen.

Es ist daher aus einem doppelten Grunde unmöglich, die Feststellung der familienrechtlichen Stellung eines unehelichen Kindes wenigstens mittelbar zur Klärung und Feststellung der Abstammung zu verwenden. Erstens scheitert das an der Tatsache, daß die einzelnen Rechtslagen, aus denen die Familienrechtsstellung eines unehelichen Kindes besteht, z. T. Voraussetzungen haben, die sich weitgehend von der wirklichen Abstammung entfernen; und es wird zweitens dadurch unmöglich gemacht, daß es keine einheitlichen Voraussetzungen für die verschiedenen Rechtslagen der unehelichen Kindschaft gibt, so daß in demselben Falle die uneheliche Kindschaft für bestimmte Rechtsfolgen bejaht und für andere verneint werden muß. Wenn z. B. der Beklagte die Vaterschaft einmal anerkannt hatte, nunmehr aber der Beweis der Abstammung nicht gelungen ist, weil der Geschlechtsverkehr mit der Kindesmutter nicht nachgewiesen ist, so müßte das Urteil lauten:

1. Die Klage auf Feststellung der Vaterschaft im Sinne der Unterhaltspflicht wird abgewiesen. Die Klage auf Feststellung der Vaterschaft im Sinne der §§ 1723ff. BGB., des § 6 EheG. und des § 25 RErbhG. wird ebenfalls abgewiesen.

2. Es wird festgestellt, daß der Kläger im Sinne der §§ 1719ff. BGB. ein uneheliches Kind des Beklagten ist.

Wenn in dem gleichen Beispiel der Geschlechtsverkehr erwiesen, aber auch der Beweis des Mehrverkehrs erbracht und die wirkliche Abstammung ungeklärt ist, müßte das Urteil lauten:

1. Die Klage auf Feststellung der Vaterschaft im Sinne der §§ 1723ff. BGB., des § 6 EheG. und des § 25 RErbhG. wird abgewiesen.
2. Es wird festgestellt, daß der Kläger ein uneheliches Kind des Beklagten im Sinne der Unterhaltspflicht und im Sinne der §§ 1719ff. BGB. ist.

Denn die Anerkennung der Vaterschaft hat für die Unterhaltspflicht nur die Wirkung, daß der Einwand des Mehrverkehrs abgeschnitten wird, während sie für die Bestimmungen der §§ 1719ff. BGB. auch die Tatsache des Geschlechtsverkehrs umfaßt und schließlich in den übrigen Vorschriften wieder gänzlich ohne Bedeutung ist.

Beachtet man das, so besteht weder ein Grund noch eine Möglichkeit für eine Statusklage über die Rechtsstellung unehelicher Kinder, auf Grund deren in einem gegen alle wirkenden Urteile die Abstammung geklärt werden könnte.

Dagegen ist es durchaus möglich, jeweils einzelne Rechtsbeziehungen zwischen dem Kinde und seinem unehelichen Erzeuger zum Gegenstande einer Feststellungsklage und eines Feststellungsurteils mit einfacher Rechtskraftwirkung zu machen. Läßt man z. B. die Rechtsbeziehung aus § 25 REG. oder die des Eheverbotes nach § 6 EheG. in einem Urteile feststellen, so könnte ein derartiges Urteil sogar mittelbar die Abstammung klären[4]), weil hier die materiellrechtliche Rechtslage ganz von der wirklichen Abstammung abhängig ist. Der Zulässigkeit einer solchen Feststellungsklage mit dem Ziele mittelbar die Abstammung klären zu lassen, würde nicht der Mangel eines Feststellungsinteresses entgegenstehen. Denn ganz allgemein für alle Feststellungsklagen ist es ein anerkannter Rechtsprechungsgrundsatz, daß das Feststellungsinteresse nicht in dem

[4]) Das BayObLG. hat das Eheverbot als Grundlage einer Klage, die der Feststellung der Abstammung dienen soll, verwendet (BayObLG. 7, 112) und hat damit schon im Jahre 1907 einen z. T. brauchbaren und einwandfreien Weg zur Klärung der Abstammung unehelicher Kinder bereitgestellt. Der einzige Mangel besteht nur in den im Text angegebenen Umständen. Nach Lersch, Zeitschrift für Rechtspflege in Bayern 1917, 272, hat das bayerische Justizministerium den Gerichten empfohlen, neben der Zahlvaterschaft eine Abstammungsvaterschaft im Sinne des Eheverbotes zur Feststellung zu bringen.

Interesse gerade an der rechtskräftigen Feststellung des Beantragten zu bestehen braucht. Es genügt vielmehr, daß mit dem Feststellungsurteil ein mittelbarer Zweck verfolgt wird[5]). So wird die Klage auf Feststellung der Echtheit einer Urkunde schon dann zugelassen[6]), wenn überhaupt kein zivilrechtliches Interesse an dieser Feststellung besteht, sondern durch die Vorlage des Urteils auf ein Verwaltugsverfahren oder Strafverfahren ein Einfluß versucht werden soll, wie ja allgemein Feststellungsklagen auch dann zulässig sind, wenn das Interesse nur in der Aussicht besteht, ein Dritter werde sich auch ohne Rechtskraftwirkung des Urteils gegen ihn dem Urteil inhaltlich anschließen[6a]). Danach könnte einem Klageantrage, etwa das Bestehen eines Ehehindernisses zwischen dem unehelichen Erzeuger und seiner im Säuglingsalter stehenden Tochter festzustellen, nicht der Mangel eines Feststellungsinteresses entgegengehalten werden, sofern ein Interesse nur an der Feststellung der blutmäßigen Abstammung gegeben ist.

Aber derartige Klagen auf Feststellung eines Ehehindernisses nach § 6 EheG. bzw. auf Feststellung einer Rechtsbeziehung nach § 25 REG. könnten nur ein Notbehelf für die Ermittlung der biologischen Abstammung sein, weil es in jedem Falle auf einen Nichtjuristen geradezu humoristisch wirken muß, wenn z. B. zur Klärung der Abstammung ein Ehehindernis zwischen dem vielleicht verheirateten außerehelichen Erzeuger und seiner im Säuglingsalter stehenden Tochter festgestellt wird. Vollends versagen müßte dieser Notbehelf aber, wenn das Kind ein Junge und der Vater kein Bauer ist, vor allem aber auch dann, wenn das Kind die Stellung eines ehelichen Kindes hat. Hier wäre mit diesem Notbehelf eine Abstammungsklärung durch das Gericht nicht möglich.

III. Biologische Abstammung.

1. Wesen der biologischen Abstammung.

Der Kernpunkt der ganzen aktuellen Rechtsfrage ist nicht der rechtliche Familienstand eines unehelichen oder ehelichen Kindes, sondern allein die tatsächliche, biologische Abstammung. Die Bedeutung der biologischen Abstammung liegt im Gegensatz zu dem Familienstand auf dem Gebiete des Seins, weil sie zunächst nur eine Blutseigenschaft des Kindes ist. Als diese Blutseigenschaft gibt

---

[5]) RG. 70, 371; Jonas-Pohle § 256, III, 2 u. 3.

[6]) RG. 148, 32.

[6a]) RG. 129, 34; 106, 49.

die Abstammung in erster Linie Auskunft über die Zugehörigkeit zu einer Sippe. Die Wahrheit darüber zu kennen, ist nach der Bedeutung des Sippegedankens, zu dem die nationalsozialistische Führung das Volk erzogen hat, von größter Wichtigkeit. Die Bluteigenschaft, die sich in der Abstammung eines Menschen offenbart, ist eine der wichtigsten Eigenschaften eines Menschen. Sie enthält zwar keine unmittelbar physiologische und psychologische Kennzeichnung; aber sie ermöglicht mit Hilfe der erbbiologischen Wissenschaft Erkenntnisse über physische und psychische Eigenschaften und Erbanlagen, Erkenntnisse, die sonst vielleicht überhaupt nicht zu gewinnen wären. Nach der Abstammung kann man medizinisch und psychologisch Diagnosen und Prognosen stellen, die ohne Zurückgreifen auf die Abstammung mitunter nicht möglich wären. Die Kenntnis der Abstammung ist darum für jeden wichtig, der den einzelnen Menschen beurteilen will. Das gilt für den einzelnen Menschen selbst ebenso, wie etwa für den Arzt, der ihn behandeln soll, wie schließlich für einen Verlobten, der mit ihm zusammen später Nachkommen haben will. In dieser ihrer Hauptbedeutung hat die Abstammung zunächst mit rechtlichen Dingen gar nichts zu tun. Sie ist eine reine Tatsache; sie kann nur durch Geburt entstehen, niemals aber rechtlich verliehen oder auch nur modifiziert werden. Kein sinnvolles Gesetz kann anordnen, daß jemand — z. B. etwa bei Mehrverkehr der Kindesmutter — biologisch als das Kind des einen oder anderen Mannes gelte. Ein solches Gelten würde weder dem diagnostizierenden Arzt noch dem die Eheschließung erwägenden Verlobten irgendwie förderlich sein können.

Auf rechtlichem Gebiete hat die Abstammung zuweilen dieselbe Bedeutung als Erkenntnismittel über die physischen und psychischen Eigenschaften des Menschen, und zwar ist das immer dann der Fall, wenn die Abstammung außer dem — sich in gewisser Weise nach der Abstammung richtenden — Vater-Kind-Verhältnis noch eine weitere rechtliche Bedeutung hat: z. B. bei der Beurteilung als Arier oder Jude, obwohl hier bei unehelichen Kindern entsprechend der tatsächlichen Struktur unseres Volkes die arische Abstammung grundsätzlich anzunehmen ist[7]), auch wenn die nähere Abstammung nicht geklärt ist; ferner in der Strafbarkeit wegen Blutschande (§ 173 I StGB.), die ja auch darum verboten und

[7]) Erl. des RIM. I 6071/22. 10. v. 8. 12. 1933 RMBliV. 36, 951.

strafbar ist, weil beide Teile die körperliche Eigenschaft gleichen Blutes in sich tragen, die eine gesunde Nachkommenschaft gefährdet; weiter bei der Strafzumessung, weil z. B. über einen aus einer Verbrecherfamilie stammenden Verbrecher eher die Sicherungsverwahrung verhängt werden wird als über einen anderen; und in der Verquickung von Recht und Medizin auf dem Gebiete des Ehegesundheitsrechtes. Vor allem aber ist die Abstammung von Wichtigkeit auf rechtlichem Gebiete bei der Entscheidung, ob eine Erbkrankheit vorliegt[8]), so daß die Unfruchtbarmachung angeordnet werden muß. Sie ist schließlich dann von rechtlicher Wichtigkeit, wenn zwar keine Erbkrankheit feststellbar ist, aber doch die Beurteilung auf eine so schlechte Erbanlage schließen läßt, daß ein Eheeignungszeugnis für die Erlangung von Ehestandsdarlehen zu verweigern ist[9]). In allen diesen öffentlich-rechtlichen Fällen ist die biologische Abstammung immer nur ein Mittel, um tatsächliche — psychische oder physische — Eigenschaften eines Menschen erkennbar zu machen, die sonst nicht erkennbar wären. Sie ist hier nicht rechtswirksamer Tatbestand, sondern nur Erkenntnismittel über eine tatsächliche Gegebenheit.

Ob man die biologische Abstammung mit Rücksicht darauf, daß sie zuweilen, nämlich im Vater-Kind-Verhältnis, auch unmittelbar privatrechtlich bedeutsam ist, als ein Rechtsverhältnis bezeichnen kann, oder ob sie auch insoweit nur den Namen einer reinen, allerdings rechtlich erheblichen Tatsache verdient, das ist in der letzten Zeit oft erörtert worden und zum Angelpunkt der Frage nach der Zulässigkeit einer Feststellungsklage gemacht worden. Die öffentlichrechtliche und strafrechtliche Erheblichkeit der Abstammungstatsache will man mit Recht für die Frage, ob sie ein Rechtsverhältnis ist, nicht entscheidend sein lassen. Tatsächlich könnten nur die familienrechtlichen Folgen die Eigenschaft als eines Rechts-„Verhältnisses" begründen. Diese familienrechtlichen Folgen sind es darum auch im Schrifttum und in der Rechtsprechung stets, die die biologische

---

[8]) Das Erbgesundheitsgesetz benutzt die Abstammung nicht als unmittelbaren gesetzlichen Tatbestand.. Die Abstammung muß aber oft bei der Frage, ob jemand an einer Erbkrankheit leidet, beachtet werden. Erkenntnisse der medizinischen Erbbiologie lassen in vielen Fällen erst eine genaue Diagnose zu. Das ist auch in dem führenden Kommentar von Gütt-Rüdin-Ruttke (2. Aufl.) S. 126 für den Schwachsinn, S. 135 für die Schizophrenie, S. 143 für die Epilepsie, S. 147 für die erbliche Blindheit, S. 154 für die erbliche Taubheit ausgeführt.

[9]) „Richtlinien über die ärztliche Untersuchung der Ehestandsdarlehensbewerber" B zu II in dem Rundschreiben des RIM. v. 16. 3. 1934 (Reichsgesundheitsblatt 34, 269ff.).

Abstammung zu einem Rechtsverhältnis zwischen dem Kinde und seinem Erzeuger machen sollen.

Der Streit, ob die biologische Abstammung wegen ihrer familienrechtlichen Folgen selbst ein Rechtsverhältnis sei, oder ob diesen Namen nur die familienrechtlichen Folgen selbst verdienten, wird allgemein so behandelt, daß man von einem bestimmten hergebrachten Begriff des Rechtsverhältnisses zwischen Personen ausgeht, etwa dem[10]): „Unter einem Rechtsverhältnis versteht man allgemeinhin jedes Verhältnis zwischen einer Person und einer anderen, das von der Rechtsordnung geregelt und mit Rechtswirkungen auf dem Gebiete des Privatrechtes ausgestattet ist." Manche meinen, daß danach die biologische Abstammung kein Rechtsverhältnis sei[11]), andere wieder, daß sie gerade nach dieser Definition ein Rechtsverhältnis sei[12]). Der Streit wird noch dadurch erschwert, daß sich manche Entscheidung und mancher Schriftsteller, der zu der biologischen Abstammung selbst nicht Stellung genommen hat, sondern nur den Familienrechtsstand des unehelichen Kindes, sei es in seiner Gesamtheit, sei es in einer seiner vier Rechtslagen als ein Rechtsverhältnis behandelt hat, in den Meinungsstreit hineingezogen sieht[13]).

2. Die Klage auf Feststellung der Abstammung nach dem Reichsgericht.

Das Reichsgericht hat Klagen auf Feststellung der biologischen Abstammung zunächst[14]) nach § 256 ZPO. zugelassen und damit den Einwand abgetan, daß es sich um eine bloß tatsächliche Eigenschaft, nicht um ein Rechtsverhältnis handle. Bald darauf[15]) hat es

---

[10]) RG. JW. 38, 245.

[11]) Roquette DR. 36, 486 und JW. 38, 247; Jonas-Pohle § 256 II, 1b. Über das ältere Schrifttum zu dieser Frage vgl. Kuttner a. a. O. S. 467, Anm. 2ff.

[12]) Außer RG.: Kuttner IhJ. 50, 413ff.; Bernhard ZAkDR. 37, 727; Weh DR. 39, 1260; Schönke, Zivilprozeßrecht § 44 III, 3a. Das RG. zählt in der Entscheidung JW. 38, 245 noch weitere Schriftsteller als Vertreter der Auffassung auf, daß die biologische Abstammung ein Rechtsverhältnis sei. Die meisten davon aber haben lediglich zu der Frage Stellung genommen, ob die familienrechtlichen Folgen, die die Abstammung haben kann, zu einer Feststellungsklage hinsichtlich des Bestehens dieser Folgen berechtigen. Vgl. dazu die folgende Anm.

[13]) Folgende Schriftsteller und Entscheidungen, die das RG. für seine Ansicht in Anspruch nimmt, haben nur für die Feststellung der familienrechtlichen Rechtsstellung die Zulässigkeit der Feststellungsklage bejaht: Planck Komm. zum BGB. (3. Aufl.) vor § 1705 Anm. 8; BayObLG. Recht 1920, Nr. 684; Hellwig, Lehrbuch (1903) I, 195 Anm. 20; BayObLG. 7, 112. Unklar OLG. Frankfurt JW. 30, 1016.

[14]) RG. JW. 38, 245.

[15]) RG. 160, 293 gegen RG. 159, 58.

für diese Klagen die Vorschriften über das Statusverfahren einschließlich des Grundsatzes der Amtsuntersuchung und der allgemeinen Rechtskraft für anwendbar erklärt. Es hat zwar die negative Abstammungsklage für und gegen ein eheliches Kind versagt[16]) und für die Abstammungsfeststellung hier nur die Ehelichkeitsanfechtungsklage zugelassen; aber es hat dies nur aus rechtspolitischen Erwägungen getan, der Unterschied zwischen der Abstammungsfeststellung und der Ehelichkeitsfeststellung ist ihm dabei wohl bewußt gewesen[17]).

Trotz der Anlehnung des Verfahrens für die Abstammungsklagen an die §§ 640ff. ZPO. betrifft die vom RG. zugelassene neue Abstammungsklage nach dem eben Gesagten also etwas ganz anderes als das vom Gesetz für eheliche Kinder geregelte Statusverfahren, nämlich nicht den rechtlichen Familienstand, sondern die tatsächliche Abstammung. Sie ist damit ohne jeden Anhaltspunkt und ohne jedes gesetzliche Vorbild als neue Rechtserscheinung geschaffen worden.

Das ist weder im PStG., das in § 30 Abstammungsfeststellungen behandelt, noch in den Ausführungen des Reichsgerichts über die Abstammungsklagen immer beachtet. Im Personenstandsgesetz wie auch in den Entscheidungen des Reichsgerichts wird die biologische Abstammung zuweilen mit dem Familienstand gleichgesetzt.

---

[16]) Nach der Anmerkung in DR. 42, 1335 entgegen den das österreichische Recht behandelnden Entscheidungen RG. 161, 326 und 167, 403.

[17]) Das hat das RG. zwar noch nicht selbst ausdrücklich ausgeführt, aber es ist eingehend in der vom RG. gebilligten Entscheidung des OLG. Danzig DR. 42, 1335 dargelegt. Danach soll es dem Ehemann der Kindesmutter verwehrt sein, die Abstammungsfeststellung unbefristet zu beantragen, weil er sonst in schikanöser und erpresserischer Weise die Kindesmutter und das Kind in jahrelanger Ungewißheit lassen könnte. Es soll darum nach Ablauf der Jahresfrist nur noch die Anfechtungsklage des Staatsanwalts (§ 1595a) zulässig sein. So auch die allgemein herrsch. M., z. B. OLG. Stuttgart in DR. 41, 1559; RGRK. § 1593 Anm. 3; Palandt (3. Aufl.) vor § 1591 Anm. 2; Weh in DR. 39, 1260. — Diese Ansicht ist sicher richtig, soweit sie dem Ehemann der Kindesmutter verwehrt, noch nach Versäumung der Anfechtungsfrist die negative Abstammungsfeststellungsklage zu erheben. Aber es ist kein Grund einzusehen, warum auch dem Kinde das Recht genommen werden soll, von sich aus diese Klage zu erheben. Man kann nicht sagen, daß seine Rechte genügend durch den Staatsanwalt gewahrt werden. Wenn ein uneheliches Kind das Recht hat, diese Angelegenheit selbst in die Hand zu nehmen, so ist kein Grund einzusehen, warum dem ehelichen Kinde durch die Einschaltung einer Vorprüfung des Staatsanwalts das Recht auf Abstammungsprüfung verkürzt werden soll; denn eine Verkürzung des Rechtes auf Abstammungsprüfung kann sehr leicht eintreten, wenn der Staatsanwalt bei zweifelhafter Erfolgsaussicht von der Erhebung der Klage absieht.

a) Nach § 30 PStG. kann ein Randvermerk bei der Geburtseintragung unehelicher Kinder eingefügt werden, wenn „mit allgemein bindender Wirkung“ die „Abstammung“ festgestellt ist oder der „Personenstand geändert“ wird. In diesem Satz ist zwar zwischen familienrechtlicher Stellung und Abstammung dem Wortlaute nach deutlich unterschieden. Aber inhaltlich ist der Unterschied doch wieder nicht voll beachtet. Nach dem Gesetzeswortlaute soll hinsichtlich des Personenstandes nur eine „Änderung“ für die Eintragung eines Randvermerkes ausreichend sein; das ist der Fall z. B. bei erfolgreicher Ehelichkeitsanfechtung. Wird aber der familienrechtliche Stand (= der Personenstand) nicht geändert, sondern über ihn nur eine von der bisherigen Eintragung abweichende Feststellung getroffen, so soll das wohl nach dem Gesetz als Abstammungsfeststellung gelten. Wenn z. B. bei einem Kinde die Legitimation durch nachfolgende Ehe eingetragen ist und nun im Verfahren nach § 640ff. ZPO. die Nicht-Ehelichkeit des Kindes festgestellt wird, so wird das allgemein als ein Fall bindender Feststellung der Abstammung, nicht als eine Änderung des Familienstandes aufgefaßt[18]). Freilich ist das inhaltlich nicht sehr bedeutsam. Denn die Feststellung, daß eine Ehelichkeitslegitimation nicht eingetreten ist, setzt ja materiellrechtlich voraus, daß das Kind nicht von dem Ehemann der Mutter abstammen kann. Aber es ist doch zu beachten, daß das nicht Gegenstand des Urteilsspruches selbst ist. Das Urteil stellt unmittelbar und damit rechtskräftig nur fest, daß das Kind kein eheliches Kind des Klägers ist, also nicht die Rechtsstellung eines ehelichen Kindes des Klägers hat. Nur mittelbar kann daraus gefolgert werden, daß das Gericht als bewiesen angesehen hat, daß das Kind biologisch nicht von dem Kläger abstamme. Die geringe praktische Bedeutung ändert nichts an der Tatsache, daß der Ausdruck „Abstammung“ in seinem Gegensatz zu Familienstand in § 30 PStG. zum mindesten ungenau gebraucht ist.

b) Wesentlich mehr als das im PStG. der Fall ist, läßt das Reichsgericht in seinen Ausführungen über die Abstammungsklage die klare Unterscheidung zwischen der Feststellung der biologischen Abstammung und der der familienrechtlichen Stellung vermissen. So sagt das Reichsgericht bei der Rechtfertigung der Zulässigkeit der Abstammungsklage: Es handle „sich um ein Rechtsverhältnis,

---

18) So ausdrücklich Stölzel, Komm. z. PStG. (5. Aufl.) § 30 Anm. 2; Brandis-Massfeller Komm. z. PStG. § 30 II, A. 2.

weil die uneheliche Vaterschaft eine Reihe von Rechtsfolgen habe, nämlich die der §§ 1708ff. (Unterhaltspflicht), § 1719 (Legitimationsmöglichkeit), § 1723 BGB. (Möglichkeit zur Ehelichkeitserklärung), § 6 EheG. (Unmöglichkeit, eine Ehe einzugehen) und § 25 RErbhG. (Möglichkeit zur Anerbeneinsetzung)". Danach sieht es so aus, als ob die vom RG. gemeinte Feststellungsklage nur eben die Gesamtheit dieser möglichen Rechtsfolgen, also die familienrechtliche Rechtsstellung als uneheliches Kind beträfe; unterstützt wird dieser Eindruck dadurch, daß das RG. die Abstammungsurteile als „Statusurteile" bezeichnet[19]). Das steht mit dem Inhalt der Klage, die auf die Feststellung der biologischen Abstammung gerichtet ist, in Widerspruch. Und es kann trotz der Begründung für die Eigenschaft als Rechtsverhältnis kein Zweifel bestehen, daß das Reichsgericht nicht die Rechtsstellung als eheliches oder die als uneheliches Kind eines bestimmten Mannes, bestehend aus jenen vier Möglichkeiten (vgl. oben II, 2), sondern die blutmäßige Abstammung feststellen will. Denn weder liegen die vier Möglichkeiten notwendig immer zusammen vor, noch haben sie immer die biologische Abstammung zur Voraussetzung, so daß weder ihre einheitliche Feststellung immer möglich ist noch einen sicheren Rückschluß auf die biologische Abstammung zuläßt.

3. Übersicht über die Bedenken gegen die neue Rechtsprechung.

Beachtet man genau das dargelegte Wesen der biologischen Abstammung und ihren Unterschied zu der familienrechtlichen Stellung, so bieten sich alsbald gewichtige Bedenken gegen die Rechtsprechung des Reichsgerichts an.

Daraus, daß das Reichsgericht das Abstammungsverhältnis als ein „Rechtsverhältnis" ansieht, kann allerdings kein ins Gewicht fallendes Bedenken hergeleitet werden. Es mag zwar zweifelhaft sein, ob diese begriffliche Kennzeichnung für die Abstammung schon darum gerechtfertigt ist, weil sie ein Verhältnis ist, das rechtliche Folgen hat — so begründet es das RG.[20]) —, oder ob vielmehr

---

[19]) Vgl. besonders die Entscheidung des Großen Zivilsenats RG. in DR. 42, 1019.

[20]) Das RG. hat zur Begründung seiner Ansicht auch die Zahlvaterschaft und die Möglichkeit der Legitimation durch nachfolgende Ehe als Rechtsfolge der Abstammung herangezogen. RG. JW. 38, 245: Es verschlage nichts, daß diese beiden Rechtswirkungen „nach dem Gesetz auch noch auf einen anderen, einfacheren Tatbestand gestützt werden können, nämlich auf die Rechtsvermutungen, wie sie einerseits in den §§ 1717, 1718 BGB. und andererseits in § 1720 BGB. aufgestellt

nur die familienrechtlichen Verhältnisse zwischen dem Erzeuger und dem Kinde, die von der Abstammung abhängen — also das Ehehindernis des § 6 EheG. und die Möglichkeit, als Anerbe eingesetzt zu werden (§ 25 REG.) —, als Abstammungsrechtsverhältnisse bezeichnet werden können. Die Frage dürfte indessen hier nicht von entscheidender Bedeutung sein; denn auch wenn man die Abstammung nicht als ein Rechtsverhältnis, sondern als eine rechtserhebliche Tatsache ansieht, so könnte man doch einer im Wege des Rechtsfortschrittes vorgenommenen Erweiterung des Begriffes „Rechtsverhältnis" im Sinne des § 256 ZPO. auf „rechtserhebliche Tatsachen" wohl kaum einen absolut zwingenden zivilprozessualen Rechtssatz entgegensetzen.

Bedenken erheben sich aber sofort, wenn man den Blick auf die Wirkungen des Urteiles lenkt. Soll das Abstammungsurteil die Abstammung so feststellen, daß sie nun auch gerade für ihre Hauptbedeutung, nämlich Erkenntnismittel für die erbbiologisch bedingten physischen und psychischen Eigenschaften einer Person zu sein, feststeht? Die normale Wirkung eines Zivilurteils ist ja, daß das, was festgestellt wird, nun auch feststeht. Das ist hinsichtlich der familienrechtlichen Wirkungen der Abstammung wohl auch möglich; es kann z.B. bindend — unwiderleglich und unwiderruflich — festgestellt werden, daß für das Rechtsverhältnis aus § 25 REG. oder für die Rechtsfolge des § 6 EheG. das dort gesetzlich voraus-

---

sind; denn unter allen Umständen ist das Bestehen der wirklichen Vaterschaft die einheitliche, sich überall gleichbleibende Grundlage für sämtliche Rechtsbeziehungen, die das BGB. an die uneheliche Vaterschaft geknüpft hat." Das ist nicht richtig. a) Die Klage auf Unterhaltszahlung für ein uneheliches Kind kann nicht ausdrücklich auf die blutmäßige Abstammung gestützt werden; steht im Prozeß der Geschlechtsverkehr mit dem Beklagten und andererseits kein Mehrverkehr fest so muß verurteilt werden, ohne daß der Rechtsstreit bis zur Ermittlung der wirklichen Abstammung fortgesetzt werden könnte (§ 300 ZPO.). b) Es ist auch nicht richtig, daß die von der Abstammung abweichenden Tatbestände der §§ 1717 und 1719 BGB. nur die Eigenschaft einer bloßen Beweisbewertung hätten. Sie enthalten vielmehr gerade auch insoweit, wie sie von der Abstammung abweichen, eine materiellrechtliche Regelung. Das tatsächliche Hineinwachsen eines Kindes in einen Familienverband durch die Heirat der Mutter soll nach Möglichkeit rechtlich sanktioniert werden, genau so wie die rechtliche Stellung eines in der Ehe geborenen Kindes nach Möglichkeit beibehalten werden soll; das liegt im Interesse des Kindes wie in dem Interesse des Familienfriedens und im Interesse der Gemeinschaft. Auch die Tatbestandsregelung für den Unterhaltsanspruch des unehelichen Kindes ist das Ergebnis einer materiellen Wertung; ganz bewußt hat man ähnlich der quasideliktischen Haftung aus außerehelichem Beischlaf im gemeinen Recht eine Regelung geschaffen, die dem Manne, der außerehelichen Geschlechtsverkehr hat, grundsätzlich die vermögensrechtlichen Lasten des unehelichen Kindes auferlegt, ohne Rücksicht darauf, ob er wirklich der Erzeuger ist.

gesetzte Abstammungsverhältnis bestehe. Aber kann die Abstammung auch bindend festgestellt werden, wenn es sich nicht um rechtliche Folgen, sondern darum handelt, die Wahrheit über die Blutseigenschaften einer Person zu ermitteln? Kann ein Urteil mit bindender Kraft eine Wahrheit festlegen, kann es also die Wahrheit einer Tatsache notfalls anordnen, wie es notfalls (nämlich dann, wenn das Urteil materiell unrichtig ist) das Bestehen des Rechtsverhältnisses der ehelichen Kindschaft oder eines Ehehindernisses nach § 6 EheG. anordnen könnte? — Diese Andeutungen zeigen, daß entweder die Abstammungsurteile nicht die Abstammung schlechthin, sondern nur für bestimmte Rechtsfolgen feststellen, oder daß die Abstammungsurteile in ihren Wirkungen und damit ihrem Wesen nach Urteile anderer Art sind als sonstige zivilistische Feststellungsurteile.

I. Hauptteil. Rechtskraftmöglichkeiten des Urteils über die biologische Abstammung.

§ 2. Abstammungsfeststellung als Wahrheitsfeststellung einer Tatsache.

I. Urteilszweck: Wahrheitsfeststellung.

Dem Zweck und dem Wortlaute der Abstammungsklagen entspräche es am meisten, wenn man sie als Urteile auffassen könnte, die die Wahrheit über die blutmäßige Abstammung auf Grund der gerichtlichen Prüfung endgültig feststellen. Denn auf Erlangung einer solchen Feststellung zielt das Bedürfnis des Betroffenen, seines Ehegatten, seiner Nachkommen und auch der Öffentlichkeit, die alle die Wahrheit über die Abstammung wissen wollen. Das Reichsgericht meint trotz seiner Begründung, die Abstammung sei ein Rechtsverhältnis, die von ihm zugelassenen Abstammungsklagen in diesem Sinne[1]), und auch im Schrifttum ist diese Ansicht geäußert worden[2]). Vor allem aber würde diese Auffassung auch dem § 30 PStG. am besten entsprechen. Die dort erwähnte Abstammungsfeststellung ist nicht als Feststellung der Rechtsfolgen der Abstammung, sondern als Feststellung der Abstammüngstatsache gemeint. Das ergeben sowohl die amtliche Begründung zum Personenstandsgesetz[3]), die Dienstanweisung für die Standesbeamten[4]) und auch das Schrifttum[5]). Alle sind darüber einig, daß zur Zeit des Erlasses des Personenstandsgesetzes vom 3. 11. 1937 Abstammungsurteile mit allgemeiner Rechtskraft nicht zulässig waren, daß das Personenstandsgesetz mit dem § 30 der erst zu erwartenden Einführung einer Abstammungsfeststellung vorgegriffen hat, und daß darum zunächst die Vorschrift des § 30 PStG. in diesem Punkte gegenstandslos war.

---

[1]) RG. 165, 308 spricht von einem „allgemein anzuerkennenden Zustand"; RG. in DR. 42, 1019 meint, daß das Urteil eine von „niemandem mehr angreifbare Gewißheit" über das Statusverhältnis (= Abstammungsverhältnis) schaffe.

[2]) Roquette, DR. 41, 2102: „Diese Rechtslage besteht darin, daß nun niemand mehr die vom Gericht getroffene Feststellung in Zweifel ziehen darf."

[3]) RAnz. 1937, Nr. 258.

[4]) Dienstanweisung des Reichsinnenministers für die Standesbeamten und ihre Aufsichtsbehörden, § 235 II.

[5]) Stölzel § 30 Anm. 2; Brandis-Maßfeller, § 30 II, A, 1.

Dadurch ist eindeutig klargestellt, daß in § 30 PStG. nur die biologische Abstammung in ihrer Eigenschaft als Tatsache gemeint ist, denn nur über die Abstammung als reine Tatsache waren nach der ZPO. und auch nach der Rechtsprechung im Jahre 1937 noch keine allgemein verbindlichen Feststellungsurteile möglich.

II. Rechtliche Möglichkeit?

Gegen eine so weite Bedeutung des Abstammungsurteils ist nicht der § 256 ZPO. entscheidend ins Feld zu führen, nach dem nicht Tatsachen, sondern nur Rechtsverhältnisse einer gerichtlichen Feststellung zugänglich sind. Der Wirksamkeit eines einmal ergangenen und rechtskräftig gewordenen Urteils, das über § 256 hinausgeht, steht ein Verstoß gegen § 256 jedenfalls nicht im Wege. Dagegen ist die Möglichkeit einer verbindlichen Feststellung reiner Tatsachen (Gegensatz rechtliche Zustände oder Gegebenheiten) zu verneinen, weil es rechtlich unmöglich ist, die Wahrheit über eine Tatsache verbindlich festzustellen. Das ergeben folgende Überlegungen:

1. Die Allgemeinverbindlichkeit.

Man könnte vielleicht meinen, daß die Allgemeinverbindlichkeit des Urteils einen Weg schafft, auf jeden Fall auch verbindliche Tatsachenfeststellungen zu ermöglichen. Dabei darf aber nicht ein Doppelsinn des Wortes „Tatsache" irreführen. Mit dem Ausdruck „Tatsache", „tatsächlich", „wirklich" und „objektiv" umschreibt die Sprache auch, daß es sich nicht um eine subjektive Auffassung, sondern um allgemein Anzuerkennendes handelt. Das, was allgemein anerkannt wird, und auch nach Maßgabe der menschlichen Geistesgaben anerkannt werden muß, erscheint als Tatsache, mag auch philosophisch-wissenschaftlich die reale Welt von dem menschlichen Vorstellungsbild, die Tatsache (= das Ding an sich), von dem vernunftmäßig Anzuerkennenden verschieden sein. So könnte man meinen, daß das, was mit Wirkung gegen alle verbindlich festgestellt ist, rechtlich die Bedeutung tatsächlicher Gültigkeit und damit einer Tatsache gewinnt[6]). Und auf die Abstammung angewandt,

[6]) So z. B. ausdrücklich Schönke, Zivilprozeßrecht, § 76, II „Verschieden von der Rechtskraft ist die Gestaltungswirkung der Gestaltungsurteile. Diese Urteile schaffen eine Tatsache". Hier ist das Wort „Tatsache" im Sinne eines „wirklich bestehenden Zustandes" gemeint, der aber kein rein tatsächlicher ist. Rechtliche Zustände = rechtliche Tatsachen enthalten bei näherem Zusehen immer irgendwelche Verhaltensnormen, reine Tatsachen sind dagegen ein bloßes Sein ohne eine Sollensnorm.

daß die für alle verbindlich festgestellte Abstammung die Bedeutung einer Tatsache habe. Aber man darf nicht die Frage, was festgestellt wird, mit der Frage verwechseln, gegen wen und damit mit welcher Wirkung es festgestellt wird. Denn von der „Tatsache" in ihrem Sinn als Wirklichkeit ist das Begriffspaar rechtlich-tatsächlich zu unterscheiden. So enthält die Feststellung eines ehelichen Kindschaftsverhältnisses nicht die Feststellung eines tatsächlichen Zustandes, sondern die von etwas Rechtlichem. Entsprechendes gilt für die Abstammungsurteile. Auch hier muß man unterscheiden: Ein Urteil kann allgemeinverbindlich die Tatsache der Abstammung feststellen wollen oder vielleicht auch nur die Abstammung in ihrer rechtlichen Erheblichkeit. Beides würde dank der Allgemeinverbindlichkeit des Urteils eine objektive Geltung, also die Wirklichkeit des Festgestellten, beanspruchen. Ob aber dieser Anspruch erfüllbar ist, ob also ein allgemein verbindliches Urteil über eine Tatsachenfeststellung wirksam ist, das ist eine andere Frage.

2. Rechtliche Möglichkeit von Tatsachenfeststellungen.

a) Rechtsdogmatisch.

Gegen die rechtliche Möglichkeit, über die Wahrheit einer Tatsache eine gerichtliche Entscheidung zu treffen, bestehen wegen der Eigenschaft der Gerichtsurteile, daß sie ihre Feststellungen mit unwiderruflicher und unwiderleglicher Kraft, mit formeller und mit materieller Rechtskraft treffen, erhebliche Bedenken. Denn für Tatsachenfeststellungen sind derartige Wirkungen sinnlos. Die materielle Rechtskraft bedeutet, daß das im Urteil Ausgesprochene losgelöst[7]) von seinen materiellrechtlichen Voraussetzungen gilt. Beiden Parteien wird für alle Zukunft einerseits die Möglichkeit eröffnet, an Stelle des Vortrags und Beweises der einzelnen materiellrechtlichen Voraussetzungen lediglich auf die im Urteil festgestellte Rechtsfolge hinzuweisen, andererseits wird ihnen aber auch etwas anderes verwehrt. Das im Urteil Ausgesprochene schneidet das Vorbringen der Wahrheit selbst dann, wenn sie sich erst später herausgestellt hat, ab. Diese Regelung hat ihre Berechtigung, weil die Prüfung des Gerichtes grundsätzlich eine hinreichende Sicherheit bietet, daß der Ausspruch der Rechtsfolge den wahren Verhältnissen entsprach, und weil die wenigen Fälle, in denen das nicht zutrifft,

[7]) Das ist hier in einem anderen Sinne gemeint als ihn Lent als technischen Begriff in ZZP. 61, 279 gebraucht.

der Rechtssicherheit zum Opfer gebracht werden müssen. Einzelheiten dieser Urteilswirkung sind bestritten. Manche meinen, daß die Parteien an den Ausspruch nur mittelbar gebunden seien, und daß lediglich das Gericht zu einer stets gleichen Beurteilung genötigt sei. Andere dagegen meinen, daß der Urteilsspruch an die Stelle der materiellen Rechtslage trete, diese also gestalte. Welcher der beiden Auffassungen[8]) man auch folgen mag, nach keiner kann eine reine Tatsachenfeststellung sinnvoll materielle Rechtskraft gewinnen. Für die prozeßrechtliche Theorie ist die Unanwendbarkeit auf Tatsachen aus folgender Überlegung offensichtlich: mögen die Gerichte noch so oft entscheiden, daß eine Tatsache so oder so sei, sie bleibt darum in ihrem wirklichen Sein doch ganz unberührt; wer die Wahrheit über eine Tatsache erkennen will, kann in seinem Streben weder gefördert noch gehindert werden dadurch, daß die Gerichte, wenn sie befragt würden, immer wieder so zu entscheiden hätten, wie schon einmal ein Gericht entschieden hat. Die Gerichtsbindung an ein ergangenes Urteil hat mit der Wahrheit der in dem Urteil festgestellten Tatsache nichts zu tun. Die materiellrechtliche Rechtskrafttheorie zeigt ebenfalls ganz offenbar die Unmöglichkeit einer rechtskräftigen Tatsachenfeststellung; denn nie kann ein Befehl eine Tatsache gestalten.

b) Gesetzliche Fälle unwiderruflicher Tatsachenfeststellungen?

Unseren Überlegungen scheint im Ergebnis das Gesetz selbst mit zwei Fällen zu widersprechen, nämlich mit dem § 30 PStG. und § 256 ZPO., die beide verbindliche Tatsachenfeststellungen ausdrücklich entweder zulassen oder doch voraussetzen.

In § 30 PStG. spricht das Gesetz ausdrücklich von Abstammungsfeststellungen und es kann auch kein Zweifel sein, daß damit die Feststellung der Abstammungstatsache gemeint ist. Aber wie schon oben[9]) ausgeführt ist, hat der § 30 die Zulässigkeit von Abstammungsfeststellungen nicht als geltendes Recht vorausgesetzt, sondern eine künftige Regelung in dieser Hinsicht nur erwartet. Immerhin kommt in ihm zum Ausdruck, daß die Gesetzesredaktoren grundsätzlich die Feststellung einer Abstammung für möglich hielten.

---

[8]) Die beiden Theorien — die von Hellwig begründete „prozeßrechtliche" Theorie und die von Kohler und Pagenstecher verfochtene „materiellrechtliche" Theorie — enthalten bei näherem Zusehen keinen wirklichen Gegensatz mehr, wenn sie in der Form verstanden werden, die ihnen nach den neueren Fortentwicklungen von ihren Anhängern gegeben worden ist. Vgl. darüber im einzelnen unten § 3 III, 2.

[9]) S. oben bei Note 3ff.

Jedoch schaltet ein anderer Gedanke den § 30 PStG. als Argument für die Möglichkeit verbindlicher gerichtlicher Tatsachenfeststellungen aus. Der § 30 PStG. spricht zwar von Abstammungsfeststellungen „mit allgemein bindender Wirkung". Er besagt aber nicht, daß man sich diese bindende Wirkung als die eines Zivilprozeßurteils mit der Unwiderleglichkeit des darin Ausgesprochenen und der Unwiderruflichkeit des Ausspruches vorzustellen habe. Feststellungen und sonstige Entscheidungen, die in der Freiwilligen Gerichtsbarkeit erfolgen, sind z. B. zwar auch allgemein — d. h. nicht nur für die Beteiligten — „bindend", aber sie sind fast durchweg widerruflich. So ist z. B. die Feststellung des Vormundschaftsgerichts, daß der Vater auf längere Zeit an der Ausübung der elterlichen Gewalt tatsächlich verhindert sei, für den Zivilrichter und damit für alle Nachlaßgläubiger bindend[10]); trotzdem ist sie nicht der formellen Rechtskraft fähig (§ 18 FGG.) und ist darum widerruflich, somit auch widerleglich. Ebenso ist es mit der Feststellung, daß kein anderer Erbe als der Fiskus vorhanden ist (§ 1964 BGB., § 78 FGG.), die allerdings nur eine Vermutung begründet (§ 1964 II), ferner mit der Feststellung, daß eine Nachlaßverwaltung wegen Mangels einer den Kosten entsprechenden Masse nicht tunlich sei (streitig)[11]), mit der Anordnung über die Art der Unterhaltsleistung (§ 1612 II 2) u. a. Eine allgemein bindende Feststellung braucht also keineswegs unwiderruflich und unwiderleglich zu sein. In anderem Sinne ist die Bindung, von der § 30 PStG. spricht, auch nicht gemeint. Denn die Betonung liegt nicht auf „bindend", sondern darauf, daß die Feststellung nicht nur zwischen den Parteien, sondern „allgemein bindend" sein muß, um zu einem Randvermerk auszureichen. Tatsächlich haben die Gesetzesredaktoren, wie die amtliche Begründung ergibt[12]), nicht eine urteilsmäßige, sondern vom Vormundschaftsgericht zu treffende Feststellung der Abstammung im Auge gehabt, die entsprechend den Grundsätzen der Freiwilligen Gerichtsbarkeit widerruflich und damit widerleglich sein würde.

Auch der Hinweis auf die nach § 256 ZPO. zugelassene Feststellung der Echtheit einer Urkunde vermag nicht die rechtliche Möglichkeit von unwiderleglichen und unwiderruflichen Wahrheitsfeststellungen

---

[10]) § 1677 BGB.; RGRK § 1677 Anm. 1.

[11]) So Schlegelberger FGG. § 16 Anm. 15; OLG 11, 228 (Hamburg); OLG 24, 64 (München); a. M. RGRK § 1990 Anm. 2; Planck (4. Aufl.) § 1990 Anm. a (gegen 3. Aufl.).

[12]) RAnz. 1937, Nr. 258.

über Tatsachen für das geltende Recht zu erweisen. Zwar wird oft genug die in § 256 ZPO. zugelassene gerichtliche Feststellung über die Echtheit einer Urkunde als ein — allerdings ausnahmsweiser — Fall einer reinen Tatsachenfeststellung bezeichnet[13]). Aber das ist nicht richtig, zum mindesten ist es nicht genau. Der Wortlaut des § 256 ZPO. selbst deutet schon die rechtliche Grenze des Urteils an: „Auf Feststellung des Bestehens oder Nichtbestehens eines Rechtsverhältnisses, auf Anerkennung (!) einer Urkunde oder auf Feststellung der Unechtheit derselben kann Klage erhoben werden." Damit ist angedeutet, daß nicht über die Tatsache der Echtheit als solche entschieden werden soll, sondern über die rechtliche Gültigkeit der Urkunde, soweit sie davon abhängt, daß der Aussteller ihren Inhalt gegen sich gelten lassen muß, entweder weil er sie selbst ausgestellt oder aber sie als für ihn verbindlich anerkannt hat. Das Urteil über die Echtheit einer Urkunde ist damit einer Legalisation einer Urkunde ähnlich[14]). Aber auch nicht einmal für alle zivilrechtlichen Streitigkeiten zwischen den Parteien wird die Echtheit der Urkunde festgestellt, sondern nur für diejenigen Rechtsverhältnisse, für die der Urkundeninhalt maßgeblich ist, sei es als rechtsbegründende Erklärung, sei es als Beweismittel. So könnte sicher nicht die Echtheit einer historischen Handschrift, die noch Urkundencharakter trägt (ebensowenig wie die Echtheit eines Meisterbildes) gerichtlich festgestellt werden, selbst dann nicht, wenn infolge eines Kaufvertrages die Frage der Echtheit der verkauften Handschrift nach § 459 BGB. rechtserheblich ist.

---

[13]) So z. B. RG. 148, 31: „weil die Prozeßordnung hier ausnahmsweise eine reine Tatsachenfeststellung als Streitgegenstand zugelassen hat." Jedoch gleich folgend: „Das Urteil bewirkt zwischen den Parteien Rechtskraft insofern, als die Urkunde in keinem anderen Streitverfahren (!) zwischen ihnen mehr anders gewürdigt werden kann." Die Bezeichnung als Tatsachenfeststellung ist ganz allgemein, z. B. Schönke, § 44, III 4; Seuffert, Komm. z. ZPO. (12. Aufl.), § 256, 2 u. 4; Förster-Kann, 3. Aufl., § 256, 7; Hellwig, System, § 107, II.

[14]) Ähnlich Jonas, JW. 35, 2558, der noch die weitere Einschränkung macht, die sich aus seiner prozeßrechtlichen Rechtskrafttheorie erklärt, daß sich die Feststellungswirkung nur auf künftige Prozesse beziehe: „Ebensowenig wie der Richter etwas Schwarzes als weiß, oder etwas Weißes als schwarz feststellen kann, kann er bindend feststellen, daß eine Urkunde von A herrührt oder nicht herrührt. Das, was er autoritativ bindend bestimmen kann, kann begrifflich immer nur sein, daß die Urkunde in einem künftigen Rechtsstreit als von A herrührend oder nicht herrührend zu behandeln sei, d. h., daß der Richter im zweiten Prozeß gehindert ist, über die Urkunde anders zu entscheiden... Sachlich handelt es sich danach nicht um die Feststellung einer Tatsache, sondern um die bindende Festlegung einer prozessualen Rechtsbeziehung."

c) Ergebnis.

Von allen Theorien und aller Zergliederung abgesehen, ist die Unmöglichkeit eines Gerichtsurteils über die Wahrheit einer Tatsache dann evident, wenn das Urteil unwiderleglich und unwiderruflich sein will. Denn diese Eigenschaften können nur auf dem Gebiete des Rechts, des Sollens, ihre Berechtigung haben, nicht auf dem der Tatsachen. Die Unwiderruflichkeit und die Unwiderleglichkeit geben dem Urteil den Charakter eines Befehls: nicht mehr auf das wirkliche Sein, sondern auf das Festgestellte soll es jetzt ankommen. Das dient nicht der Wahrheitserkenntnis, sondern umgekehrt liegt in dem Urteil für den Fall, daß das Urteil nicht wahr ist, das Verbot der Wahrheit. Wer aber die Wahrheit erforschen will oder — infolge amtlicher oder ethischer Pflichten — erforschen muß, kann bei dem Urteil nicht stehenbleiben, sondern muß auf die Erkenntnis der Tatsachen selbst zustreben, denn Erkennen ist das unverzichtbare und unantastbare Streben nach Wahrheit. Ein gegenteiliger Standpunkt wäre nach unserer ganzen Denkungsart[15]) unsinnig, wie sich namentlich an den Folgen zeigen würde. Wollte ein Abstammungsurteil die Abstammungstatsache schlechthin, also die Wahrheit über die Tatsache feststellen, so würde es damit den Betroffenen selbst, seine Nachkommen und sogar Historiker binden wollen. Selbst wenn der Betroffene spätere Beweise vorlegte, würde es nicht „richtig" sein, was er sagte, niemand sollte ihm glauben können. Behandelnde Ärzte sollten ihre Anamnesen und Diagnosen nicht nach den Angaben des Betroffenen, die er vielleicht nach bestem Wissen macht, aufstellen können, sondern nach dem, was im Urteil festgestellt ist. Alles das ist Unsinn, es ist eben rechtlich unmöglich, verbindlich[16]) die Wahrheit einer Tat-

[15]) Das Mittelalter hatte andere Auffassungen. Dort stand alle Erkenntnis unter dem Dogma des christlichen Glaubens und der Kirche. Weil Gott der Urheber aller Dinge sei, so sei auch alles unbedingt so, wie es Gottes Wort in Gestalt der Heiligen Schrift, der Äußerungen der Kirchenväter und des Papstes, wenn er ex cathedra sprach, darstellte. Wie bedeutungslos dem Mittelalter der Verstand und das verstandesmäßige Begreifen war, vor dessen Richterstuhl sich für uns stets die Wahrheit ausweisen muß, zeigen die Wendungen: Credo, quia absurdum est (Tertullian) und Credo, ut intelligam (Augustinus und Anselmus von Canterbury). Unter diesen Grundsätzen konnte es verbindliche Tatsachenfeststellungen mit der Wirkung geben, daß alle Menschen zu glauben hatten, was festgestellt war.

[16]) Beling in Festschrift für Gießen (1907) S. 317 ff. ist in eingehenden Darlegungen für die Zulässigkeit gerichtlicher Tatsachenfeststellungen eingetreten auch für die Fälle, in denen es sich nur um die Wahrheitsermittlung handelt, also ohne Rücksicht auf rechtliche Folgen. „Informativprozesse" nannte er diese de lege ferenda empfohlenen Prozesse. Aber er hat ausdrücklich (S. 343 ff.) betont, daß

sache festzustellen. Etwas anderes hat im staatlichen Rechte nie gegolten. Wenn im Gemeinen Recht im weiteren Unfange „Präjudiz"-Klagen auch über Tatsachen zulässig waren, so sollten sie doch niemals über die Wahrheit ein verbindliches Urteil herbeiführen, sondern[17]) immer nur für gewisse Rechtsfolgen den Tatbestand feststellen, also mittelbar nur über rechtliche Angelegenheiten, d. h. letzten Endes nur über einzelne Rechte und Pflichten eine Vorentscheidung bringen.

Wir müssen daher feststellen, daß gerichtliche Urteile über die Wahrheit von Tatsachen rechtlich dann unzulässig sind, wenn die Urteile unwiderleglich und unwiderrufliche Kraft haben sollen. Solche Urteile würden wegen rechtlicher Unmöglichkeit unwirksam sein.

§ 3. Abstammung als rechtserhebliche Tatsache auch für öffentlichrechtliche Folgen.

I. Logische Möglichkeit.

Wenn Gerichtsurteile auch nicht in der Lage sind, verbindlich die Wahrheit einer Tatsache festzustellen, so könnten sie doch vielleicht Tatsachen als verbindlich für spätere rechtliche Beurteilungen feststellen. Rechtsprechung bedeutet, daß die Gerichte das abstrakt geltende Recht für den konkreten Fall aussprechen sollen. Diese Konkretisierung des abstrakten Rechts enthält logisch zwei Bestandteile: die Tatsachenfeststellung und den Ausspruch der sich daraus ergebenden Rechtsfolgen. Dabei ist der erste Teil, die Tatsachenfeststellung, durch das Ziel, den zweiten Teil, begrenzt. Nur für die rechtliche Subsumtion ist die tatsächliche Feststellung bestimmt. Tatsachen, die rechtlich überhaupt nicht erheblich, oder die doch für die dem entscheidenden Gericht unterliegende Rechtsprüfung nicht erheblich sind, dürfen nicht geprüft werden. Tut es das Gericht doch, so hat das mit der Rechtsprechung nichts mehr zu tun[1]). In unserem Recht umfassen die Urteile der Zivilgerichte

---

die Urteile in solchen Prozessen nur eine Wahrheitsvermutung begründen können. Vgl. auch Jonas JW. 35, 2558; zu diesem siehe oben Note 14.

[17]) Nur in diesem Sinne hat auch Planck, Lehrb. d. Zivilprozeßrechts (1896) II, § 86 zu Note 54ff. die von ihm damals verfochtene Möglichkeit von weiteren Tatsachenfeststellungen, namentlich über rechtserhebliche Personeneigenschaften, hinaus gemeint.

[1]) Ob es rechtspolitisch zweckmäßig wäre, ein Gerichtsverfahren einzuführen, das der Feststellung auch rechtlich unerheblicher Tatsachen dient, ist eine andere Frage. Sie hat Beling, Festschr. Gießen, 1907, S. 317ff. angeregt, aber die Gesetz-

grundsätzlich beide Teile dieses Konkretisierungsvorganges. Das ist bei Leistungsurteilen, die in einem konkreten Rechtsbefehl bestehen, offensichtlich. Bei Feststellungsurteilen über Rechtsverhältnisse ist es jedoch auch nicht anders. Nur wird hier nicht ein unmittelbarer Verhaltensbefehl erteilt, sondern es wird mittelbar mit der Feststellung des Bestehens eines konkreten Rechtsverhältnisses bestimmter Art die Befolgung aller Rechtsnormen, die für derartige Rechtsverhältnisse gelten, befohlen[2]).

Es ist nicht undenkbar oder rechtlich undurchführbar, wenn Gerichte bei dem ersten Teil der Konkretisierung stehenbleiben und nur eine Tatsache für ihre rechtliche Erheblichkeit als bestehend feststellen. Ein gewisses Beispiel dafür bietet im geltenden Recht die Feststellung der Echtheit einer Urkunde[3]). Ob es aber nach geltendem Recht zulässig ist, auch andere Tatsachen als die Echtheit von Urkunden für ihre rechtliche Erheblichkeit festzustellen, und weiter, ob die Abstammungsurteile vernünftigerweise unter Berücksichtigung des geltenden Rechts über die Zulässigkeit zivilrechtlicher Feststellungen so aufzufassen sind, ist eine andere Frage.

Wenn die Abstammung für alle ihre rechtlichen Folgen unwiderruflich und unwiderleglich festgestellt wird, so hieße das, daß sich nach dieser Feststellung alle Staatsorgane bei ihren rechtlichen Beurteilungen richten müßten und als Folge davon müßten auch alle Menschen für ihr rechtliches Verhalten die festgestellte Abstammung zugrunde legen. Damit würde dem Kinde auf Grund der Prüfungen des Zivilgerichts unumstößlich, z. B. für die arische Abstammung, ein bestimmter Abstammungsvorgang bescheinigt sein und alle Behörden, Parteiorgane und Privatpersonen hätten das zu respektieren. Ein, wie es scheinen mag, wünschenswertes

---

gebung hat den Vorschlag nicht aufgenommen. Jedenfalls wäre ein derartiges Tatsachenfeststellungsverfahren eine ganz neue Art von Gerichtstätigkeit, die von der Gerichtsbarkeit und Rechtsprechungsmacht des geltenden Rechts nicht umfaßt wird.

[2]) In diesem rechtlichen Sinne sind auch die Präjudizialklagen des Gemeinen Rechts zu verstehen gewesen. Sie führten zu einer Feststellung bestimmter Rechtsverhältnisse oder Rechtslagen, enthielten also auch nur den Ausspruch der Anwendbarkeit gewisser Rechtsnormen. Vgl. über diese Klagen Brinz, Pandekten, 2. Aufl. § 88; Planck, Lehrb. d. Zivilprozeßrechts (1896), § 86 S. 16f.

[3]) Bei näherem Zusehen hält es nicht stand, die Urkundenfeststellung als Tatsachenfeststellung aufzufassen, denn es wird nicht die Tatsache der Echtheit, sondern die rechtliche Gültigkeit, soweit sie von der Echtheit abhängt, festgestellt Das folgt aus dem Wortlaut des § 256 ZPO., der die Klage gerichtet sein läßt auf „Anerkennung" der Urkunde oder Feststellung ihrer Unechtheit. Vgl. dazu die Note oben § 2 Anm. 14.

Ergebnis! Aber schon dieses Beispiel lenkt den Blick auf die bestehenden Grenzen. Ist das Zivilgericht in der Lage, für die übrigen Staatsorgane die Beurteilung über die Abstammung vorzunehmen, so, daß alle Staatsorgane an die vom Gericht getroffene Feststellung gebunden sind, oder überschreitet es damit nicht nur die Grenzen der Zulässigkeit des Rechtsweges, sondern tut es das auch in einem solchen Maße, daß einem derartigen Zivilurteil keine Rechtswirkung mehr zukommen würde?

II. Keine Bindung anderer Staatsstellen durch die Allgemeinverbindlichkeit.

Auch hier muß man sich hüten, die Beantwortung der Frage entscheidend von der Allgemeinverbindlichkeit des Urteils abhängig zu machen, für die das RG. in der Analogie zu der Statusklage (§§ 640ff. ZPO.) mit Recht eine hinreichende Stütze findet. Ob nur der Prozeßgegner oder ob alle Rechtsgenossen an die Entscheidung des Zivilgerichts gebunden sind, hat mit der Bindung anderer Staatsorgane nichts zu tun. Denn das Wesen der materiellen Rechtskraft besteht darin, daß den Gerichten verboten ist, in künftigen Prozessen anders zu entscheiden. Die normale Rechtskraft bedeutet danach, daß nur in Prozessen derselben Parteien (bzw. ihrer Rechtsnachfolger, § 325 ZPO.) eine andere Entscheidung verboten ist; und die allgemeine Rechtskraft bedeutet, daß auch in allen Rechtsstreitigkeiten beliebiger Dritter die entscheidenden Gerichte an dem einmal Entschiedenen festhalten müssen. Darin wird erkennbar, daß die normale Rechtskraft einerseits und die allgemeinverbindliche Rechtskraft andererseits sich nur durch den Kreis der Rechtsgenossen unterscheiden, die der Urteilsrechtskraft unterliegen, während der Kreis der gebundenen Staatsorgane, der Zivilgerichte wie der anderen Staatsorgane, in der dargelegten Rechtskraftwirkung überhaupt nicht erscheint. Für die Behandlung der Parteien eines Zivilurteils ist die Bindung der Strafgerichte und Behörden — wo sie überhaupt besteht — nicht danach verschieden zu beantworten, ob das Urteil nur zwischen den Parteien wirkt oder ob es über sie hinaus auch Dritte bindet. Das ist ein seit langem bekannter Grundsatz des Zivilprozeßrechts[4]). Er erklärt sich aus folgendem: Die Verhaltens-

---

[4]) Erstmalig ist das von Kuttner, Urteilswirkungen außerhalb des Zivilprozesses S. 64ff., dargelegt worden. Kuttner stützte sich auf folgendes Argument: Auch die Urteile mit allgemein wirkender Rechtskraft des § 643 ZPO. über den Familienstand eines Kindes sind nicht wirklich gegen „alle" wirksam. Es sind vielmehr

normen des materiellen Rechts richten sich an die Rechtsgenossen, nicht an die Gerichte oder andere entscheidenden Behörden. Gerichte und Behörden haben für den Einzelfall die Rechtsnormen und Rechtsfolgen konkret auszusprechen, die die Gesetze abstrakt dafür vorsehen[5]). Sie sind hinsichtlich der materiellrechtlichen Vorschriften über das Verhalten der Rechtsgenossen „rechtsverwirklichende oder rechtserzwingende", nicht „rechtsbefolgende" Stellen[6]). Die Rechtsverwirklichung besteht darin, daß konkret die Normen wiederholt oder durchgesetzt werden, die abstrakt in der objektiven Rechtsordnung vorgeschrieben sind. Die Gerichte und Behörden sind im strengen Sinne also nicht Addressaten materiallrechtlicher Verhaltensnormen und darum sind sie auch nicht Addressaten der konkreten Rechtsbefehle, mit denen Urteile oder sonstige Entscheidungen die abstrakten Normen konkretisieren; und weil sie nicht Addressaten der Urteile sind, gehören sie auch nicht in eine Reihe mit Rechtsgenossen, die bei einem normal rechtskräftigen Urteil nur z. T. von der Rechtskraft betroffen werden, nämlich nur soweit, wie sie Parteien waren, und bei einem Urteil mit allgemeiner Rechtskraft grundsätzlich sämtlich von der Rechtskraft erfaßt werden. Die Behörden sind für die Rechtskraftwirkung nicht den Rechtsgenossen gleichzusetzen, ihre Stellung ähnelt vielmehr eher derjenigen der Zivilgerichte. Ebenso wie diese gegebenenfalls — nämlich in einem neuen Rechtsstreit der Urteilsparteien — die Rechtskraft auch eines einfach rechtskräftigen Urteils zu beachten haben, ist auch die Bindung der Behörden und Strafgerichte an die Zivilurteile da, wo sie überhaupt besteht, jedenfalls unabhängig davon, ob das Urteil eine nur normale oder eine gegen alle wirksame Rechtskraft hat. Die Gründe für eine Bindung anderer Staatsorgane an

---

bestimmte Personen ausgenommen, nämlich diejenigen, die für sich selbst die eheliche Vaterschaft an dem Kinde in Anspruch nehmen wollen. Mit Recht meint Kuttner, daß diese Urteile gleichwohl die Behörden und Strafgerichte bei der Entscheidung der Frage binden, ob das Kind ein eheliches Kind der Prozeßpartei ist; nur wenn es sich um die Beurteilung der Rechtsbeziehungen einer solchen Person handelt, die von dem Urteile ausnahmsweise nicht getroffen ist, ist das Urteil außer acht zu lassen. — Außer Kuttner vgl. noch: König, Die Bindung des Richters an präjudizielle Urteile anderer Gerichte, S. 63; Heim, Die Feststellungswirkung des Zivilurteils, S. 238f.

[5]) Es ist besonders das Verdienst von Sauer, Grundlagen des Prozeßrechts, diesem Gedanken von der Konkretisierung der materiellen Rechtsnormen durch die Gerichte entscheidendes Gewicht für die Behandlung prozeßrechtlicher Fragen verliehen zu haben; vgl. z. B. die Rechtskrafttheorie von Sauer a. a. O., 2. Aufl., § 13 und Nachtr. 6.

[6]) Ähnlich Krückmann, Einführung in das Recht, S. 76.

die Zivilurteile sind, wo sie besteht, ganz andere und auch ein nur normal wirksames Urteil kann aus denselben Gründen wie ein gegen alle wirksames Urteil andere Staatsstellen binden.

III. Keine Bindung aus sonstigen Gründen.

1. Grundsätze über die Bindung von Staatsorganen an Entscheidungen anderer Staatsstellen.

Die Frage nach der Bindung von Staatsstellen an die Staatsakte anderer Staatsorgane ist außerordentlich umstritten, und es sind in der Wissenschaft und der Rechtsprechung gerade mit Rücksicht auf die Frage, ob Zivilurteile andere Staatsstellen binden können, bisher keine allgemeinen Richtlinien gefunden worden[7]). Zwar ist zweifellos, daß rechtsgestaltende Staatsakte für alle Staatsstellen bindend sind, weil sie eine neue Rechtslage schaffen, die jetzt wirklich besteht und darum auch von jedem beliebigen Staatsorgan wie von jedem Rechtsgenossen zu beachten ist. Schwierigkeiten bestehen nur, wenn es sich um deklaratorische Akte handelt. Diese sollen die bereits bestehende Rechtslage feststellen; aber gleichzeitig sollen sie sie meist auch verwirklichen. Wegen dieser letzten Eigenschaft läßt sich auch für deklaratorische Staatsakte in gewissen Fällen eine Bindung sicher bejahen, nämlich dann, wenn der Staatsakt zur Verwirklichung der deklaratorisch festgestellten Rechtslage gleichzeitig neue Rechte und Pflichten der betroffenen Personen schafft. Das Bestehen der so geschaffenen Rechte und Pflichten ist auch von anderen Staatsstellen ohne Prüfung dessen, ob der Staatsakt inhaltlich richtig war, anzuerkennen. So muß der Zivilrichter zur Beurteilung, ob die Erfüllung einer Verbindlichkeit noch rechtlich möglich ist[8]), die vielleicht ergangenen polizeilichen Verfügungen an den Schuldner, d. h. also die jetzt für den Schuldner bestehenden öffentlich-rechtlichen Pflichten berücksichtigen, obwohl die polizeilichen Verfügungen ebenso wie Zivilurteile nur deklaratorisch sind, weil sie nur den nach materiellem Polizeirecht Polizeipflichtigen anhalten sollen; und er muß z. B. bei einer Aufrechnung, die wegen einer öffentlich-rechtlichen Forderung erklärt worden ist,

[7]) So meint Jonas-Pohle § 322 II, 5: „Dieses Problem hat die Gesetzgebung nicht einheitlich behandelt und die Wissenschaft muß sich hüten, eine allgemeingültige einheitliche Antwort geben zu wollen."

[8]) Wenn z. B. die Weiterführung eines Baues polizeilich wegen Überschreitung uaupolizeilicher Vorschriften verboten worden ist, ist das Weiterbauen ohne Rückbcht darauf, ob das polizeiliche Verbot inhaltlich berechtigt war, zur Zeit rechtlich sinmöglich.

diese Forderung als gültig behandeln, wenn die zuständige Behörde ihre Forderung endgültig festgestellt hat (z. B. die Forderung einer Krankenkasse auf Beitragszahlung). Er muß ferner in dem Zwangsversteigerungsverfahren die von den Verwaltungsbehörden in den Grenzen ihrer Zuständigkeit festgestellten Forderungen als bestehend hinnehmen. Das alles ist ohne weiteres einleuchtend, wenn man beachtet: Staatsakte binden hier nicht unmittelbar andere Behörden und Gerichte. Sie schaffen nur grundsätzlich ohne Rücksicht auf ihre inhaltliche Richtigkeit (von den Fällen stärkster Fehlerhaftigkeit mit der Nichtigkeit als Folge abgesehen) wirksam Rechte und Pflichten der Betroffenen, die solange bestehen, wie der sie hervorrufende Staatsakt nicht aufgehoben ist. Soll nunmehr von einem Gericht oder einem sonstigen Staatsorgan die Rechtslage des Betroffenen beurteilt werden, soll also geprüft werden, wie er sich rechtlich verhalten soll (oder kann oder darf), so kann das Bestehen der von Staatsstellen geschaffenen Rechte und Pflichten nicht außer acht gelassen werden.

2. Die allgemeinen Wirkungen von Zivilurteilen.

a) Urteilsrechte und -pflichten.

Ob auch normale, d. h. deklaratorische Zivilurteile andere Staatsstellen zu binden vermögen, hängt davon ab, ob sie ebenfalls ohne Rücksicht auf ihre inhaltliche Richtigkeit Rechte und Pflichten der Parteien schaffen. Diese Frage berührt sich mit dem Streit um die materiellrechtliche und die prozeßrechtliche Rechtskrafttheorie. Oft wird der Gegensatz dieser beiden Rechtskrafttheorien tatsächlich dahin formuliert[9]): Nach der materiellrechtlichen Theorie bringe das Urteil Rechte und Pflichten der Parteien zur Entstehung. Nach der prozeßrechtlichen Theorie ändere dagegen das Urteil nichts an der zwischen den Parteien bestehenden Rechtslage, sondern bedeute mit seiner Rechtskraft nur, daß die Gerichte immer wieder über das Bestehen der einmal festgestellten Rechte und Pflichten in gleicher Weise entscheiden müssen, obwohl in Wahrheit die Rechtslage eine andere sein kann. Es läßt sich jedoch entgegen einer derartigen Formulierung der prozeßrecht-

[9]) Jonas-Pohle § 322 II, 1 u. 2; Schönke, Zivilprozeßrecht § 73, VI Abs. 1 und Abs. 2. Besonders deutlich bei Heim „Die Feststellungswirkung des Zivilurteils" 1912, S. 115: „Das Kriterium der materiellen Rechtskrafttheorie besteht in der Annahme einer Einwirkung des Urteils auf das materielle Rechtsverhältnis, das den Gegenstand der Urteilsfeststellung bildet." Ferner Hellwig, „Wesen und subjektive Begrenzung der Rechtskraft" S. 7ff., 17.

lichen Theorie nicht leugnen, daß ein Zivilurteil Rechte und Pflichten der Betroffenen hervorruft. Das Urteil besteht in einem konkreten Befehl an den Verurteilten oder in der Verneinung der Rechtspflicht; das ist bei den Leistungsurteilen schon durch den Wortlaut klar, und bei den Feststellungsurteilen ist es der Sache nach nicht anders, weil auch hier mit dem Bestehen eines Rechtsverhältnisses bestimmte aus dem Rechtsverhältnis folgende Rechte und Pflichten festgestellt oder verneint werden. Der Urteilsbefehl schafft nicht nur ein Vollstreckungsrecht des Gläubigers — was man noch eher zugibt[10]) —, sondern vor allem auch eine Rechtspflicht des Schuldners. Daß diese Rechtspflicht des Schuldners im Vordergrund des Wesens des Zivilurteils steht, beweist schon der Wortlaut des normalen Urteils. Es lautet nicht, der Gläubiger habe ein Vollstreckungsrecht, sondern es hat die Befehlsform an den Schuldner: Der Beklagte wird verurteilt, dieses oder jenes zu tun! Der Urteilsbefehl bewirkt die Pflicht des Verurteilten, sich entsprechend dem Urteil zu verhalten, mag das Urteil sie nun ganz neu schaffen oder mag es sie nur klarstellen; auf jeden Fall ist ohne Zurückgreifen auf die materielle Rechtslage die Pflicht schon allein durch die Verurteilung begründet. Der Urteilsaddressat hat, was ihm im Urteil anbefohlen ist, jetzt wirklich zugunsten des Gegners zu tun, sonst kann er durch unmittelbaren Zwang (§ 883 I ZPO.), durch Bestrafung wegen Un-

[10]) Sogar Hellwig, einer der namhaftesten Verfechter und Begründer der prozeßrechtlichen Auffassung der materiellen Rechtskraft, hat das Vollstreckungsrecht des Gläubigers als ein durch das Urteil neu entstehendes Recht anerkannt, während er wohl das Entstehen einer Leistungspflicht des Verurteilten verneint; vgl. „Wesen und subjektive Begrenzung der Rechtskraft" S. 17. Dagegen hat Kuttner, der ja das Gedankengut Hellwigs fruchtbar fortgesetzt hat, trotz seiner entschiedenen Anhängerschaft an der prozeßrechtlichen Theorie das Entstehen von Urteilspflichten als selbstverständlich hingenommen; vgl. „Die privatrechtlichen Nebenwirkungen der Zivilurteile" S. 1: Das Urteil habe eine doppelte Funktion: „man denkt an das Urteil einmal als die Grundlage der materiellen Rechtskraft, und sodann als Grundlage der Vollstreckung. Diese beiden Funktionen des Urteils bilden in der Tat die alles beherrschenden richtunggebenden Zweckgedanken, um derenwillen der Zivilprozeß als eine staatliche Rechtsschutzanstalt überhaupt vorhanden ist. Das Urteil als Grundlage der sog. materiellen Rechtskraft entfaltet seine Wirkungen auf dem Gebiete geistiger Vorstellungen, indem es dem streitentscheidenden Richterspruch eine gewisse, den Willen beherrschende bindende Kraft beilegt. Dagegen entfaltet das Urteil als Grundlage der Vollstreckung seine Wirkungen in der Welt der äußeren Tatsachen und Zustände. Das Urteil leitet hier einen Eingriff in die Außenwelt ein, eine Umänderung bestehender materieller Rechtszustände." Und ferner in „Urteilswirkungen außerhalb des Zivilprozesses" S. 37: „Auch wenn die Urteile mit Unrecht ergangen sind, erzeugen sie diese privatrechtlichen Leistungspflichten; die Befriedigung solcher Ansprüche kann daher auch der Strafrichter keinesfalls als eine Erlangung rechtswidriger Vermögensvorteile betrachten."

gehorsams (§ 890 ZPO.), durch Zwangsstrafen (§ 888 ZPO.) oder durch wirtschaftliche Ersatzleistung (Pfändung und Versteigerung) dazu gezwungen werden. Urteilsmäßige Rechte und Pflichten sind nicht weniger, sondern noch mehr (= aktueller) wirksam als die nur nach materiellem Recht bestehenden Rechte und Pflichten[11]). Ganz Entsprechendes gilt für die urteilsmäßige Verneinung eines Rechtes. Der durch Klageabweisung verneinte Anspruch ist nicht mehr wirksam, der Gläubiger kann nichts mehr verlangen, der Schuldner braucht nicht zu zahlen, und das, was etwa gleichwohl gezahlt wird, kann zurückgefordert werden[12]).

b) Objektive Wirklichkeit der Urteilsrechte und -pflichten.

Man kann die Wirklichkeit der Urteilsrechte und Pflichten nicht schon durch den Hinweis auf die grundsätzliche Relativität der Rechtskraft abstreiten. Es ist zwar richtig, daß ein Feststellungsurteil über das Eigentum an einer Sache nicht die dingliche gegen Dritte wirkende Eigentumslage zu beeinträchtigen vermag[13]). Aber die aus dem Eigentum entstehenden Rechtsbeziehungen zu dem Prozeßgegner werden durch das Urteil gestaltet. Wem das Eigentum

---

[11]) Der so oft vorgebrachte Gegengrund, daß die Anerkennung materiellrechtlicher Wirkungen des normalen (deklaratorischen) Zivilurteils nur für unrichtige Urteile zu einer Erklärung der Rechtskraft führe, ist nicht richtig. Auch ein richtiges, zur Leistung verurteilendes Urteil behält nach dieser Rechtskraftauffassung seine Bedeutung. Neben der aus den materiellen Rechtssätzen folgenden — im Einzelfall gerade zweifelhaften — Rechtspflicht entsteht jetzt eine prozeßrechtlich begründete Rechtspflicht, die nicht mehr zweifelhaft ist. Es ist nicht anders wie mit der Anerkennung einer Schuld durch ein schriftliches Schuldanerkenntnis, das ebenfalls eine Schuld hervorruft, die jetzt — losgelöst von den Entstehungsursachen der vorher bestandenen Schuld — gilt.

[12]) Darin unterscheidet sich die durch Abweisung erloschene Forderung von der Naturalobligation. Diese ist nicht durchsetzbar, aber sie genießt doch die staatliche Anerkennung in Gestalt eines „Rechtfertigungsrechtes". Der Schuldner einer Naturalobligation erfüllt nicht eine Nichtschuld, oder besser gesagt, er leistet nicht ohne rechtlichen Grund. Wer dagegen eine rechtskräftig aberkannte Forderung — nichtwissentlich — erfüllt oder erfüllt hat, kann das Geleistete als rechtlose Bereicherung des Gegners zurückfordern.

[13]) Das ist eine der beliebtesten Einwendungen gegen die materielle Rechtskrafttheorie gewesen. Sie ist durch Pagenstecher „Zur Lehre von der materiellen Rechtskraft" S. 118 ff. bereits erledigt worden, der klarstellte, daß die materielle Theorie nichts anderes als nur die rechtlichen Beziehungen zwischen den Parteien als gestaltet auffaßt. Er hat mit Recht den Vergleich mit einer Vereinbarung der Parteien über diese Rechtsbeziehungen gezogen. Ebenso wie es möglich ist, daß zwei Menschen vereinbaren, das Eigentum des einen solle gegenüber dem anderen nicht ausgeübt werden können — es solle im Innenverhältnis zwischen ihnen beiden nicht wirksam sein, — ebenso kann auch ein rechtskräftiges Urteil die Rechtsbeziehungen zwischen ihnen regeln, ohne das Eigentum selbst als dingliches Recht zu modifizieren.

etwa rechtskräftig aberkannt ist, der darf seinem Prozeßgegner gegenüber das Eigentum nicht mehr ausüben, der Gegner darf die Sache, wenn er sie bereits besitzt, behalten, d. h. er hat gegenüber dem Prozeßbesiegten ein Recht zum Besitz, oder er kann sie, wenn nicht er, sondern der Gegner sie im Besitz hat, herausverlangen. Ist aber in Wahrheit ein Dritter Eigentümer der Sache, so ist das Recht des Prozeßsiegers gegenüber dem Prozeßbesiegten im Falle einer Klage des wirklichen Eigentümers ganz gegenstandslos. Und umgekehrt hat derjenige, dem das Eigentum an der Sache rechtskräftig zuerkannt ist, dadurch zwar gegen den Besiegten relativ alle Rechte, die ein Eigentumsrecht seinem Inhaber gewährt; gehört aber die Sache in Wahrheit einem Dritten, so sind auch diese Rechte gegenüber dem Eigentum des wirklichen Eigentümers gegenstandslos.

Über die Relativität des Rechtsinhalts der Urteilsrechte und -pflichten hinaus versucht man zuweilen auch ihre Existenz als nur relativ, im Verhältnis der Urteilsparteien vorhanden, darzustellen. Das kann natürlich nur von dem Standpunkte der prozeßrechtlichen, nicht aber von dem der materiellen Rechtskrafttheorie aus geschehen. Trotzdem ist es nicht etwa durch die grundsätzliche Anerkennung der prozeßrechtlichen Theorie bedingt; auch Anhänger der prozeßrechtlichen Theorie teilen die Auffassung, daß die aus dem Urteil entstehenden Rechtslagen zwar relativen Inhalt haben, beschränkt auf die Urteilsparteien, daß aber der Bestand dieser relativen Rechtsbeziehung von jedermann zu beachten ist, wenn ausnahmsweise die Rechtsstellung eines Dritten von den relativen Rechten oder Pflichten einer der beiden Urteilsparteien abhängig ist. Als Beispiele dafür sind die „Reflexwirkungen" der materiellen Rechtskraft allgemein bekannt, die namentlich auch von Wach[14]), Hellwig[15]) und Kuttner[16]), sämtlich grundsätzlichen Vertretern der prozeßrechtlichen Rechtskrafttheorie, anerkannt sind. Eine völlige Einigkeit besteht allerdings im Lager der prozeßrechtlichen Theorie auch über diese Fälle nicht[17]). Jedoch ist es herrschende Ansicht, daß namentlich in denFällen der §§ 986, 556, 767, 1137 BGB. und

---

[14]) Wach und Laband, Zur Lehre von der Rechtskraft. Drei Rechtsgutachten. S. 20ff.

[15]) Hellwig, Wesen und subjektive Begrenzung der Rechtskraft S. 27ff.

[16]) Kuttner, Nebenwirkungen S. 102.

[17]) So lehnt Jonas § 325 VI, 4 eine Wirksamkeit der Rechtskraft gegen Dritte aus materiellen Gründen schlechthin ab. Jedoch beschäftigt er sich gerade nicht mit den bekanntesten Fällen der Reflexwirkungen materieller Rechtskraft, den Fällen der §§ 986 und 556 BGB. Von dem § 767 spricht er zwar, begnügt sich dazu

des § 129 HGB. eine solche Reflexwirkung der materiellen Rechtskraft auf Dritte stattfindet. Es dürfte auch allein dem materiellen Sinne dieser Vorschriften entsprechen, daß der Dritte, dessen Rechtsstellung von der eines anderen abhängen soll, diese Rechtsstellung in ihrer Gesamtheit einschließlich der prozeßrechtlich entstandenen und nun auf materiellem Gebiete nicht weniger, sondern noch schärfer wirksamen Bindungen und Berechtigungen für und gegen sich wirken lassen muß. Aber das ist nicht eine prozeßrechtliche, von dem Wesen der Rechtskraft aus zu lösende Frage, sondern sie ist allein aus dem Sinn der in Frage stehenden materiellen Vorschrift zu beantworten. So ist es der Sinn des § 986 BGB., daß der Dritte, der sein Besitzrecht von einem Zwischenmann ableitet, kein Besitzrecht mehr hat, wenn der Zwischenmann dem Eigentümer gegenüber zur Herausgabe verpflichtet ist; ist nun der Zwischenmann zur Herausgabe verpflichtet, so hat er kein Besitzrecht mehr und infolgedessen soll auch der Drittbesitzer kein Besitzrecht dem Eigentümer gegenüber mehr haben[18]). Und ganz Entsprechendes hat für § 556, ferner für § 676 BGB. und § 129 HGB. zu gelten.

Das Besondere daran ist nicht einmal, daß eine dritte Person von der Wirkung der Rechtskraft betroffen wird. Die Besonderheit liegt vielmehr darin, daß überhaupt ein Recht, über das unmittelbar

---

aber mit der Bemerkung: „ebensowenig wirkt das Urteil im Prozeß des Hauptschuldners gegenüber dem Bürgen." Das ist richtig; der Gläubiger kann sich gegen den Bürgen nicht auf die rechtskräftige Feststellung der Hauptschuld berufen. Aber umgekehrt kann sich der Bürge, weil er nach materiellem Recht alle Einwendungen des Hauptschuldners hat (§ 767), auf eine rechtskräftige Abweisung der Klage des Gläubigers gegen den Hauptschuldner berufen. Diese letzte Möglichkeit verneinen auch nicht die Entscheidungen RG. 122, 146 und 56, 109; diese befassen sich trotz gelegentlich allgemeiner Wendungen nur mit der Frage, ob sich der Gläubiger auf die rechtskräftige positive Feststellung der Forderung auch gegen den Bürgen berufen könne. Diese Frage verneint das RG. mit Recht, denn sogar eine Urteilspartei selbst wird durch die Rechtskraft nur hinsichtlich der Rechte festgelegt, über die das Urteil unmittelbar entschieden hat. Vgl. oben den Text.

[18]) Das hat auch Hellwig ausdrücklich zugegeben und damit seine gelegentliche Äußerung, das Urteil schaffe keine Leistungspflicht des Verurteilten (vgl. oben die Note 10), selbst widerlegt. Er stellt in eingehenden Darlegungen (Wesen und subjektive Begrenzung der Rechtskraft S. 21ff.) fest, daß es Reflexwirkungen der Urteile gegen Dritte gibt und bringt das, was hier im Text ausgeführt ist, mit folgenden Worten als seine Ansicht zum Ausdruck (S. 27): Es „kann die bloße Feststellung des Bestehens oder Nichtbestehens eines Rechtsverhältnisses von Einfluß auf die Rechtsstellung eines Dritten sein. Voraussetzung dafür ist, daß seine Rechtslage unmittelbar von derjenigen abhängig ist, in welcher sich die Partei des erledigten Prozesses zur Zeit des Urteils befindet. Besteht ein derartiges Abhängigkeitsverhältnis der Rechtsstellung des Dritten, so äußert es für ihn seine Wirkung auch mit Rücksicht auf die Folgen, welche das Urteil für die Partei hat."

nicht entschieden worden ist, durch die rechtskräftige Feststellung berührt wird. Denn auch für die Rechtslage einer Urteilspartei selbst gilt als Grundsatz, daß von der Rechtskraft nur genau das Recht betroffen wird, über das eine Entscheidung ergangen ist. Ist nur ein Teil der Forderung eingeklagt worden und in dem Urteil die Klage abgewiesen worden, so kann gleichwohl der Rest nochmals und ohne der Rechtskraft zu unterliegen, eingeklagt werden; und dementsprechend kann, wenn die Hauptforderung ohne Zinsen eingeklagt worden und — etwa zu Unrecht — abgewiesen worden ist, die Zinsforderung auf die neue Klage hin zuerkannt werden. Ist ferner auf eine Leistungsklage[19]) über die Hauptforderung rechtskräftig entschieden worden, so kann gleichwohl über die Klage auf den früher entstandenen Verzugsschaden auch insofern abweichend entschieden werden, daß in diesem zweiten Prozeß die Hauptforderung verneint werden kann, obwohl sie bereits rechtskräftig bejaht worden ist; und sie kann jetzt bejaht werden, obwohl sie rechtskräftig verneint worden ist. Von dieser Beschränkung der Rechtskraftfeststellung auf ausschließlich dasjenige Recht, über das entschieden worden ist[19]), machen diejenigen Rechte eine Ausnahme, bei denen nach besonderer materieller Vorschrift der Bestand eines Rechtes maßgeblich sein soll für den Bestand eines anderen Rechtes; und das ist der Fall bei den akzessorischen Rechten (Pfand- und Hypothekenrechten) sowie in den besonderen materiellrechtlichen Vorschriften der §§ 556, 986 BGB. und § 129 HGB. Daß gleichzeitig Dritte diesem abhängigen Rechte unterliegen, ist dabei nicht die entscheidende Besonderheit, sondern diese liegt schon darin, daß überhaupt ein Recht von der Rechtskraft betroffen wird, über das die rechtskräftige Entscheidung nicht unmittelbar ergangen ist. Man kann also aus der Tatsache, daß im normalen Fall die Rechtskraft nicht gegen Dritte wirkt, nicht folgern, daß Dritten gegenüber die aus dem Urteil erwachsenden Rechte und Pflichten nicht existent seien; täte man das, so müßte man auch für die Urteilspartei selbst das gleiche behaupten, weil ja auch für sie ein anderes als das rechtskräftig entschiedene Recht durch die rechtskräftige Feststellung

---

[19]) Daß ein Feststellungsurteil über ein Rechtsverhältnis eine weitergehende Rechtskraftwirkung hat (so daß z. B. in dem späteren Verzugsschadensprozeß das Bestehen der Hauptforderung nicht mehr verneint werden kann), findet seine Erklärung darin, daß derartige Urteile alle aus dem Rechtsverhältnis nach den materiellrechtlichen Vorschriften sich ergebenden Einzelrechte umfassen, während das Leistungsurteil nur die konkret bezeichnete Forderung feststellt. Vgl. dazu unten, nach Note 32.

nicht betroffen wird, mag auch logisch noch so sehr die rechtskräftig entschiedene Rechtsbeziehung die Existenz und den Inhalt des anderen Recht bedingen. Die hier in Erscheinung tretende Eigenart der rechtskräftigen Feststellung ist also mit der Beschränkung auf das unmittelbar entschiedene Recht, nicht mit einer angeblichen Unwirklichkeit oder relativen Wirklichkeit zu erklären.

Auch der oft gebrauchte Gegengrund gegen die Wirklichkeit der Urteilsrechte und -pflichten, daß bei einer Aufhebung des Urteils im Wiederaufnahmeverfahren die alte Rechtslage unversehrt bestehe und sich damit als niemals untergegangen erweise, ist nicht stichhaltig. Es ist nicht einmal etwas Besonderes, daß der Widerruf (die Aufhebung oder die Anfechtung) eines rechtsbegründenden Rechtsaktes zu einer Beseitigung der Rechtswirkung ex tunc führt; im Gegenteil dürfte das das Normale sein (vgl. § 142 BGB.).

c) Rechtsnatur der Urteilsrechtslage.

Aber in Wahrheit ist die Existenz der sich aus einem Urteil ergebenden Rechte und Pflichten gar nicht so sehr bestritten. Der Streit zwischen der materiellen und der prozeßrechtlichen Theorie geht um etwas anderes, nämlich über die Art und die Bedeutung der Urteilsrechte und -pflichten.

Die prozeßrechtliche Theorie meint, daß das Wesen der Rechtskraft nicht in der rechtsgestaltenden Wirkung bestehe. Das ist richtig. Das Wesen der Urteilsrechtskraft liegt in der Unwiderruflichkeit und der Notwendigkeit, die einmal festgestellte Rechtslage immer wieder als so bestehend anzunehmen. Das ist aber keineswegs aus der recht- und pflichterzeugenden Eigenschaft eines Urteils zu erklären. Es wäre begrifflich durchaus möglich, daß der Richter eines späteren Prozesses erneut prüfen könnte, ob der seinerzeitige Urteilsbefehl für die jetzt in Frage stehenden Rechtsfolgen nicht als unrichtig von ihm unbeachtet und die jetzt zur Erörterung stehenden Fragen abweichend entschieden werden könnten, wie es für die freiwillige Gerichtsbarkeit sogar grundsätzlich vorgeschrieben ist (§ 18 FGG.). Mit Recht betont daher die prozeßrechtliche Theorie, daß der Richter nicht wegen der Existenz der vom Urteil angeordneten Rechte und Pflichten diese immer wieder und unaufhebbar hinnehmen müsse[20]), sondern daß die Bindung aller künftigen Richter aus einem

---

[20]) Pagenstecher, der erfolgreichste Verfechter der materiellen Theorie, hat vor allem versucht, die Rechtskraft aus der materiellrechtlichen Wirkung der Urteile zu erklären. „Ziel des Prozesses ist also Wahrheitsforschung. Das Resultat ist

besonderen Rechtssatze folge, der eben die Bindung anordne[21]). In diesem Rechtssatze und der durch ihn hervorgerufenen Eigenschaft der Urteile, daß sie jetzt von jedem Richter unüberprüfbar als richtig hingenommen werden müssen, besteht die Rechtskraft. Die rechts- und pflichterzeugende Wirkung des Urteils erklärt nicht die Rechtskraft, ja sie hat nicht einmal etwas mit ihr zu tun. Sie ist eine Folge der Wirksamkeit des Urteils, aber weder eine Folge[22]) noch gar der Grund seiner Rechtskraft. Deshalb ist aber auch gerade vom Standpunkte der prozeßrechtlichen Theorie die hier verfochtene Urteilswirkung durchaus möglich und sie ist auch gelegentlich von Vertretern der prozeßrechtlichen Theorie behauptet worden (vgl. oben bei Note 10f.).

Der Hauptstreit geht aber um die Rechtsnatur der urteilsmäßigen Rechte und Pflichten. Man streitet, ob es privatrechtliche Rechte und Pflichten seien oder öffentlichrechtlich-prozeßrechtliche[23]),

---

seiner Idee nach Deklaration der Wahrheit. Ist das, was der Richter deklariert, aber nicht die Wahrheit, so wird wahr, was er (als wahr) deklariert. Die Analogie mit dem Feststellungsvertrag liegt auf der Hand." (Zur Lehre von der materiellen Rechtskraft, S. 305.) Mit Recht beschreibt daher Heim, Die Feststellungswirkung des Zivilurteils, S. 116, die materielle Theorie so: „Durch die Einwirkung des Urteils auf das materielle Rechtsverhältnis wird der Rechtskrafterfolg unmittelbar herbeigeführt; sie macht eine besondere Bindung des Richters an den Inhalt des Urteils entbehrlich, weil die Rechtsverhältnisse der Parteien nach Eintritt der Rechtskraft sich jedenfalls so verhalten, wie das Urteil sie festgestellt hat."

[21]) Vgl. Bötticher „Kritische Beiträge zur Lehre von der materiellen Rechtskraft im Zivilprozeß" (bei der Besprechung von Seuffert, Komm. zur ZPO. § 322 Anm. 1) S. 98: „Ganz deutlich kommt hier zum Ausdruck, daß die durch das Urteil bewirkte Gestaltung der materiellen Rechtslage nicht gedacht ist als ein Mittel zur Herbeiführung der Bindung des späteren Richters und damit zur Verwirklichung des eigentlichen Rechtskraftzieles, sondern vielmehr als eine Folgewirkung, als ein Reflex dieser prozessualen Bindung auf die materiellen Rechtsverhältnisse der Parteien."

[22]) Wenn auch die Existenz der Urteilsrechte und -pflichten keine Folge der Rechtskraft ist, so ist doch ihre Eigenschaft völliger Beständigkeit, die sie den nach den materiellen Gesetzen entstandenen Rechten und Pflichten besonders ähnlich macht, durch die Rechtskraft des Urteils bedingt.

[23]) So z. B. Heim, Die Feststellungswirkung des Zivilurteils, S. 229: Die prozessuale Rechtskrafttheorie kennt auch „Wirkungen, die absolut und nicht bloß relativ eintreten, deren Existenz niemand leugnen kann. Aber die gedachten Wirkungen liegen auf dem Gebiete des Prozeßrechts und gewinnen nur im Prozeß zwischen Personen, die der Rechtskraft unterworfen sind, praktische Bedeutung; sie beeinflussen die materielle Rechtslage der Parteien ebensowenig wie diejenige Dritter." Zu der Bemerkung, die Wirkungen lägen nur auf dem Gebiete des Prozeßrechts, ist zu sagen, daß sich alle privatrechtlichen Wirkungen letzten Endes nur im Prozeß und der Zwangsvollstreckung auswirken; alle privatrechtlichen Veränderungen wie Erlaß, Verzug, Aufrechnung u. ä., sind schließlich nur Vorgänge, die durch die Berücksichtigung des Richters ihre Bedeutung erhalten, bei den echten

und ob es sich bei den Pflichten um echte willensbindende Pflichten oder um anders geartete „Rechtslagen[24])" handele. Dieser Streit wird zwar im allgemeinen auch meist als der Gegensatz zwischen der materiellen und der prozessualen Rechtskrafttheorie aufgefaßt, aber in Wahrheit ist es durchaus nicht durch die prozeßrechtliche Erklärung der Rechtskraft bedingt, wenn man der Urteilspflicht ihre Eigenschaft als rechte Pflicht bestreitet. Es handelt sich vielmehr um ein ganz anderes Problem, das nicht so sehr mit der Rechtskraft als vielmehr mit der Grundeinstellung zu Recht und Staat zusammenhängt. Für die liberalistische[25]) Staats- und Rechtsauffassung verbarg sich in der Kraft des Richterbefehls eine ungewöhnliche Wirkung; denn wie sollte es zu erklären sein, daß das Recht, das doch über dem Staat und erst recht über dem Richter stand, von diesem gestaltet werden könnte! Man fand eine Erklärung für den gleichwohl doch unleugbar vorhandenen Eingriff in die Rechtslage des Verurteilten, indem man meinte: Die privatrechtlich begründete Rechtslage sei[26]) „an sich" unverändert; sie beurteile sich ausschließlich nach den Rechtsnormen des Privatrechtes, als einer Verhaltensordnung. Unser Recht bestehe aber aus einer „doppelten Rechtsordnung", einer, die Verhaltensbefehle und Verhaltensrechte erteile, und einer, die nur ankündige, wie sich der Staat bei dem Vorliegen eines gewissen Tatbestandes verhalten werde[27]). Die prozeßrechtlichen Befehle gehörten zu der zweiten

---

Rechten des materiellen Privatrechts ebenso wie bei den durch ein Urteil festgestellten Pflichten.

[24]) Die Lehre Krückmanns, das rechtskräftige Urteil schaffe für den Gewinner einen „Rechtsbesitz" (ZZP. 46, 371 ff.; 47, 1 ff.; 48, 1 ff. und Einführung in das Recht, S. 189 f.), ist nicht dahin zu verstehen, daß der Gewinner eine geringere Rechtslage habe als ein wirkliches Recht; im Gegenteil stellt er fest, daß seine Stellung stärker als die eines durch ein materielles Recht Begünstigten sei: der Rechtsbesitz des Begünstigten nehme „eine ganz eigenartige, nirgendwo sonst wiederkehrende Stellung ein als ein Rechtsbesitz mit der Selbstbehauptungsfähigkeit des echten Rechtes, gesteigert durch die offenbare und leichte Beweisbarkeit seines Daseins".

[25]) Daß es sich um ein typisches Problem des Liberalismus handelt, ist von den Vertretern dieser Richtung bewußt in den Vordergrund gestellt worden. Der jüdische Schriftsteller James Goldschmidt, der mit seinem Buch „Prozeß als Rechtslage" der Führende dieser Richtung war, hat das ausdrücklich im Vorwort zu diesem Buch betont.

[26]) Gegen die in der liberalistischen Rechtslehre besonders häufigen Vorstellungen von Rechten „an sich", die durch eine Rechtsnorm zwar in ihrer Wirksamkeit gehindert, aber doch in Wahrheit unverändert fortbestehen sollten, hat sich namentlich die „Kieler Schule" gewandt; so z. B. Siebert, „Deutsche Rechtswissenschaft" Bd. 1 S. 24 und Larenz, „Vertrag und Unrecht" I S. 138.

[27]) Der Schwede Lundstedt, „Unwissenschaftlichkeit der Rechtswissenschaft",

Gruppe; sie seien trotz ihres Wortlautes keine Befehle zu einem bestimmten Verhalten, sondern nur Ankündigungen eines staatlichen Vorgehens in der Zwangsvollstreckung oder in einem weiteren Prozesse[28]). Die Urteilsanordnungen hätten nur dieselben Wirkungen wie die innerprozeßrechtlichen Partei-„pflichten", die auch in Wahrheit keine Pflichten seien, sondern Verhaltensmöglichkeiten, die man allenfalls als „Lasten", aber nie als Pflichten auffassen könne. Das alles ist jedoch heute nicht mehr haltbar. Heute ist es ganz unstreitig[29]), daß die Prozeßpflichten echte Verhaltspflichten sind, und es ist ja auch allgemein durch den Vorspruch zur Novelle der ZPO. vom 27. X. 1933 und ferner für den Fall, der der alten liberalistischen Auffassung der wichtigste zu sein schien, nämlich die Aufklärungspflicht in § 138 ZPO., jetzt ausdrücklich gesetzlich einwandfrei klargestellt, daß es sich hier um wirkliche Pflichten handelt.

Wir halten es heute ganz allgemein nicht mehr für richtig, wenn man die privatrechtlichen Rechte und Pflichten eine besondere Existenz führen läßt gegenüber den „Rechtslagen", die der Staat schützt und anerkennt[30]). Es gibt kein innerstaatliches Recht, das ohne staatliche Anerkennung bestünde, und umgekehrt ist alles, was der Staat als Rechtslage schützt, wirkliches echtes Recht.

Die Einzelheiten über die Rechtsnatur der Urteilsrechte und -pflichten ergeben sich aus dem Urteil. Wird der Beklagte z. B. verurteilt, eine Sache herauszugeben, so ergibt sich unabhängig von

---

hat für das ganze Rechtsgebiet behauptet, daß die Gesetze nur Ankündigungen eines bestimmten staatlichen Eingreifens beim Vorliegen bestimmter Tatbestände seien. Er hat damit allen Gesetzes- und Gerichtsanordnungen ihren wichtigsten Zweck genommen, das Verhalten der Rechtsgenossen zu leiten, und er hat darum auch in vollendeter Weise das Recht jeder Verwandtschaft mit der Moral entkleidet.

Für das Prozeßrecht — und nur für dieses — hat mit großem Erfolg James Goldschmidt (jüd.) a. a. O. die Eigenschaft verneint, Rechte und Pflichten schaffen zu können. Er hat die Lehre begründet, daß auf dem ganzen Gebiete des Prozeßrechts nicht die „Imperativennatur" des Rechts gelte, sondern nur seine Eigenschaft als Ankündigung eines „hypothetischen Urteils".

[28]) Goldschmidt (jüd.) a. a. O. S. 227 und oft.

[29]) Vgl. Schönke, Zivilprozeßrecht S. 5.

[30]) Auch das gehörte zum wesentlichen Bestandteil der liberalistischen Rechtsauffassung. Man sah ja begrifflich vor dem Staat den einzelnen und seine Rechte, die zu schützen und dabei möglichst wenig zu beeinträchtigen, die alleinige Aufgabe des Staates war. Zum mindesten die privatrechtliche Rechtsordnung stellte man sich als „a priori" vorhanden vor (Adolf Reinach, „Die apriorischen Grundlagen des bürgerlichen Rechts"). Wir sind dagegen der Überzeugung, daß nicht der einzelne das Primäre ist, sondern das Volk, das in seiner Organisation der Staat ist, und dessen Organisationsform eben das Recht ist. So ist das Recht, und zwar auch das Privatrecht nach unserer heutigen Überzeugung nur innerhalb und nach Maßgabe der staatlichen Anerkennung möglich.

jeder Rechtskrafttheorie der nähere Inhalt[31]) der — „festgestellten“ (so nach der prozeßrechtlichen Theorie) oder der „angeordneten“ (so nach der materiellen Theorie) — Urteilspflicht aus den Gründen des Urteils. Es kann z. B. eine Pflicht aus § 556 oder aus § 812 oder aus § 985 oder aus § 1007 oder vielleicht auch eine aus einem öffentlichrechtlichen Rechtsverhältnis folgende und daher öffentlichrechtliche Pflicht sein. Unabhängig von der Tatsache, daß die Urteilspflichten und -rechte also prozeßrechtlich entstanden sind, können sie ganz verschiedener Art sein. Je nach dem Inhalt des Urteils bestimmt sich die Art der Urteilspflicht und damit auch, nach welchen materiellen Rechtssätzen das weitere Schicksal der Urteilsrechte und -pflichten zu behandeln ist.

3. Bindende Wirkung der Zivilurteile auf andere Staatsstellen.

a) Bindung durch die vom Urteil geschaffene Rechtslage.

Beachtet man, daß auch das nur deklaratorische Urteil die Pflicht des Verurteilten schafft, sich dem Urteil entsprechend zu verhalten, und daß der Urteilsgläubiger das Recht erhält, sich entsprechend dem Urteil verhalten zu dürfen oder zu können, so ergibt sich für die Zivilurteile das gleiche wie für andere Staatsakte: Die Existenz der urteilsmäßigen Rechte und Pflichten kann von anderen Staatsstellen genau so wenig geleugnet werden, wie die Existenz der von den Verwaltungsstellen geschaffenen Rechte und Pflichten von den Zivilgerichten außer acht gelassen werden kann, wenn das Verhalten eines Rechtsgenossen zu beurteilen ist, der unter einem derartigen Befehle oder einer derartigen Gestattung steht. So kann der Strafrichter nicht wegen Sachbeschädigung oder Unterschlagung denjenigen verurteilen, der nach Erlangung eines rechtskräftigen, sein Eigentum feststellenden Urteils die Sache beschädigt oder veräußert hat, selbst dann nicht, wenn das Urteil falsch war, die Sache gerade dem Gegner gehörte und der Täter das gewußt hat; der Täter hat vielmehr kraft des Urteils das Recht gegenüber dem Gegner

[31]) Auch dieser Punkt ist zum Ausgang eines als sehr wichtig angesehenen Angriffes gegen die materielle Theorie gemacht worden. Vgl. z. B. Hellwig, „Wesen und subjektive Begrenzung der Rechtskraft“, S. 17: „Würde es im heutigen Rechte eine Judikatsobligation als einen durch das Urteil entstehenden Privatanspruch geben, so müßten für ihn irgendwelche Grundsätze gelten. — Aber der gegen den Schuldner gerichtete Anspruch wird in Beziehung auf seine materiellrechtlichen Eigentümlichkeiten in keiner Weise bezeichnet, wenn ich sage: „er schuldet mir auf Grund jenes Urteils die Summe von 1000 M.“ “

gehabt, sich so zu verhalten. Denn das Urteil, daß sein Eigentum feststellt, bedeutet, daß er alle die Rechte gegenüber dem Prozeßgegner hat, die ihm das Eigentum gegen diesen verleihen kann. Der Täter in dem gedachten Falle hat also nicht rechtswidrig gehandelt, wenn er sich dem Urteil gemäß verhielt, weil er dem wirklichen Eigentümer gegenüber das durch das Urteil begründete Recht zu diesem Verhalten hatte.

Das ist zwar nach unserer Auffassung, das Urteil schaffe Rechte und Pflichten, besonders einleuchtend. Aber unabhängig davon, ob man die Rechtslage des durch ein Zivilurteil Begünstigten als die eines Rechtsinhabers und die Rechtslage des Urteilsbelasteten als die eines Verpflichteten ansieht, also unabhängig von jedem Streit über die Urteilswirkungen ist doch evident: Was der Zivilrichter erlaubt oder befiehlt, kann nicht von anderen Staatsstellen als rechtlich bedeutungslos bezeichnet werden. Es kann nicht gesagt werden, daß der Urteilsbegünstigte nur in den Augen des Zivilrichters rechtmäßig gehandelt habe, wenn er sich urteilsgemäß verhalten habe. Und es kann auch nicht von einer Verwaltungsstelle gesagt werden, ein Mensch sei als Eigentümer eines Mietgrundstückes — oder als Inhaber eines Betriebes — für den ordnungsmäßigen und gefahrlosen Zustand des Grundstückes verantwortlich, wenn ihm durch ein Zivilurteil das Betreten des Grundstückes und jede Einflußnahme darauf verboten worden ist. Mit anderen Worten, mag man die Lage der Urteilsparteien als die von echten Berechtigten bzw. Verpflichteten oder nur als „Rechtslage" ansehen, auf jeden Fall steht das Verhalten der Parteien unter dem Urteilsbefehl oder der Urteilserlaubnis. Jede Staatsstelle, die das Verhalten der Parteien zu regeln oder zu bewerten hat, muß diese Bindungen oder Erlaubnispositionen berücksichtigen — freilich nur, soweit es überhaupt nach dem von der Staatsstelle anzuwendenden materiellen Recht auf die relativen Rechtsbeziehungen zwischen den Parteien ankommt.

Auf diese letztgenannte Einschränkung ist größtes Gewicht zu legen und die meisten Schwierigkeiten werden wohl durch die Nichtbeachtung dieser Schranke entstehen. Die Rechtslage infolge eines Urteils ist bei normalen Urteilen rein relativer Rechtsnatur. Sie kann deswegen nur dort von Rechtserheblichkeit sein, wo nach dem anzuwendenden materiellen Verwaltungsrecht, Strafrecht oder sonstigem Recht die Rechtsbeziehungen gerade zwischen den Prozeßparteien entscheidend sind. Wenn darum derjenige,. der ein sein

Eigentum feststellendes Zivilurteil erreicht hat, obwohl die Sache einem Dritten gehört, nun die Sache zerstört, so kann er wegen Sachbeschädigung bestraft werden; denn das Zivilurteil verschaffte ihm gegenüber dem wirklichen Eigentümer kein Recht dazu, die Sache als seine eigene zu behandeln, sein Handeln war also rechtswidrig (Voraussetzung für die Strafbarkeit würde freilich sein, daß der Täter die Eigentumslage gekannt hat). Die Steuerbehörde, die für die Grundsteuer nicht die relativen Rechtsverhältnisse bezüglich der Sache, sondern die wirkliche Eigentumslage zu berücksichtigen hat, würde nicht an die Feststellung der Eigentumslage durch ein Zivilurteil gebunden sein; sie muß allerdings eine wirtschaftliche Erwägung vornehmen (§ 1 Abs. 2 Steueranpassungsgesetz) und wird darum doch wohl dem Urteil folgen müssen, wenn zwar nicht der als Eigentümer urteilsmäßig Festgestellte, sondern sein Gegner der wahre Eigentümer ist; denn infolge der Vorschrift des § 325 ZPO. hat der Gewinner des Prozesses alle die wirtschaftlichen Ausnutzungsmöglichkeiten, die ein wirklicher Eigentümer hat; anders dagegen wäre es wieder, wenn ein Dritter Eigentümer ist. Der Strafrichter ist für die Entscheidung, ob der Täter eine „fremde" Sache weggenommen hat, selbst dann nicht durch ein Zivilurteil gebunden[32]), wenn es das Eigentum gerade des Bestohlenen feststellt. Denn dieses Feststellungsurteil hat nur die Bedeutung, daß zwischen dem Täter und seinem Gegner die Rechtsbeziehungen bestehen, wie sie aus dem Eigentum folgen. Stellt der Strafrichter entgegen dem Zivilurteil fest, daß das Eigentum in Wahrheit dem Täter zustand, so hatte der Täter allen Dritten gegenüber nach wie vor die Rechtsstellung eines Eigentümers, nur nicht in der „Innenbeziehung" zu dem früheren Prozeßgegner. Er hat also nicht fremdes Eigentum, sondern nur das relative Recht eines anderen verletzt. Die Verletzung einer nur relativen Sachberechtigung ist aber kein Diebstahl (§ 242 StGB.), sondern sie kann allenfalls nach § 266 StGB. strafbar sein, wenn außer dem „Inneneigentum" auch noch ein Vertrauensverhältnis bestand, an dem es aber in dem hier gedachten Falle sicher fehlt.

[32]) Das bestreitet trotz einer sonst im wesentlichen richtigen grundsätzlichen Einstellung Krückmann, „Die materielle Urteilswirkung", ZZP. 48, 20ff. Die im Text behandelte Frage ist in erster Linie nicht eine zivilprozessuale, sondern eine Frage des materiellen Strafrechts, weil es ja nur darauf ankommt, ob die Wegnahme einer Sache, die im Außenverhältnis zwar dem Täter, im Innenverhältnis aber dem Verletzten gehört, als Diebstahl strafbar ist. A. M. ist vor allem Kuttner wegen seiner anderweitigen Rechtskraftauffassung; vgl. dazu unten Anm. 34.

Daher müßte der Strafrichter trotz der Anerkennung des Bestehens einer „relativen Eigentumslage“ zwischen den ehemaligen Prozeßparteien den Täter freisprechen.

Die Frage der Rückwirkung beantwortet sich nach dem näheren Inhalt des Zivilurteils und der jeweiligen Aufgabe der entscheidenden Staatsstelle. Ein Zivilurteil, das zu einer Leistung verurteilt, bedeutet nur[32a]), daß der Verurteilte die im Urteil näher bezeichnete Pflicht jetzt hat. Daß er sie auch früher hatte, ist zwar eine logisch gegebene Schlußfolgerung, aber rechtlich angeordnet und damit bindend ist es nicht. Selbst der Zivilrichter ist auf Grund eines solchen Urteils nicht zur bindenden Beachtung der Urteilsfeststellung bei der rechtlichen Beurteilung zurückliegender Ereignisse gehalten. Er kann vielmehr bei der neuen Entscheidung von der rechtskräftigen Urteilsfeststellung abweichen, wenn er über Ansprüche zu entscheiden hat, deren Entstehung zeitlich vor dem Erlaß des rechtskräftigen Urteils liegt. So kann er die Frage, ob jemand, der rechtskräftig nach § 985 BGB. zur Herausgabe einer Sache verurteilt worden ist, durch die bisherige Vorenthaltung des Besitzens nach §§ 989 ff. BGB. schadensersatzpflichtig geworden ist, insofern abweichend von dem bereits ergangenen rechtskräftigen Urteil entscheiden, als er in dem jetzigen Verfahren das Eigentum des Klägers verneint; dagegen wäre er an das Urteil gebunden, wenn es sich um den Schadensersatzanspruch wegen einer nachträglichen Besitzvorenthaltung handelt. — Feststellungsklagen dagegen können sich eine gewisse Rückwirkung beilegen. Es kann z. B. festgestellt werden, daß der Beklagte dem Kläger „allen aus dem Unfall vom .... entstandenen Schaden zu ersetzen hat“, oder daß der Kläger „auf Grund des Vertrages vom .... Eigentümer des Warenlagers geworden ist“. Aber diese Rückwirkung ist nur ein Bezeichnungsmittel für den Komplex der jetzt als bestehend festgestellten Rechte und Pflichten, die nur nicht einzeln geprüft und genannt werden sollen. Ein solches Urteil bedeutet also nicht die Feststellung, daß schon in dem angegebenen Zeitpunkt wirklich die Schadenersatzpflicht bestanden hat oder das Eigentum übergegangen ist, sondern es besagt nur, daß von nun an die privatrechtlichen Rechte und Pflichten der Parteien auf dieser Grundlage zu bestimmen seien.

32a) Eine unbedingte Rückwirkung behauptet Krückmann in ZZP. 47, 22 (grundsätzlich auch Kohler in Festschrift für Klein, S. 7 ff.), aber er meint die Rückwirkung auch nur als Bezeichnungsmittel für die jetzt bestehenden Rechte, vgl. in ZZP. 48, 9.

Für den Strafrichter kommt es jedoch darauf an, welche Rechtslage tatsächlich früher, zur Zeit der Begehung der Tat, bestanden hat, denn er soll den sozialen Unwert der Tat als historischer Begebenheit ermitteln. Für seine wertende Entscheidung kann daher selbst das ausdrücklich rückbeziehende Feststellungsurteil, bei dem ja allein eine Rückwirkung in Frage kommen könnte, nicht bindend beachtet werden, eben weil es nicht das frühere Bestehen von Rechten und Pflichten feststellt, sondern allein ihr gegenwärtiges Bestehen, wobei lediglich für die nähere Bestimmung des Festgestellten die Rückbeziehung als Bezeichnungsmittel verwendet ist. Allein darin liegt die Besonderheit[33]) der Stellung des Strafrichters gegenüber einem Zivilurteil, die oft zu der unrichtigen Formulierung verleitet, der Strafrichter sei an die Feststellungen der Zivilurteile überhaupt nicht gebunden. An einem Beispiel zeigt sich die Besonderheit seiner Stellung: Wenn jemand eine fremde Sache zerstört oder veräußert und erst danach ein Zivilurteil gegen den wirklichen Eigentümer erwirkt, das unrichtigerweise ihn als Eigentümer feststellt, so muß der Strafrichter ihn gleichwohl wegen Sachbeschädigung oder Unterschlagung verurteilen[34]). Denn zur Zeit der Tat hatte der Täter faktisch kein Recht zu seinem Verhalten und die damals begangene Handlung wird strafrechtlich nicht dadurch straffrei, daß er privatrechtlich gegen den Eigentümer jetzt alle die Rechte hat, die sich aus der Annahme ergeben, daß nicht der Gegner, sondern er selbst damals das Eigentum hatte.

---

[33]) Es wird oft behauptet, daß der Strafrichter eine besonders unabhängige Stellung gegenüber den Zivilurteilen habe, und man findet dafür eine Begründung in dem § 262 StPO. Vgl. Jonas-Pohle § 322 II, 5; Schönke, Zivilprozeßrecht § 73 VII; wegen der älteren Literatur vgl. Kuttner, Urteilswirkungen außerhalb des Zivilprozesses, S. 217ff. Daß man zu Unrecht versucht, aus § 262 StPO. eine solche Bindung herauszulesen, hat Kuttner a. a. O. 13ff. schon eingehend dargelegt. Tatsächlich gibt weder der Wortlaut noch der sinngemäße Inhalt des § 262 StPO. oder des ebenfalls gelegentlich herangezogenen § 14 EGZPO. einen Anhalt für eine grundsätzliche Befreiung des Strafrichters von der Beachtung der durch den Zivilrichter angeordneten Rechte und Pflichten der Prozeßparteien.

[34]) So auch schon die ältere Literatur, die vollzählig von Kuttner a. a. O. S. 218 angeführt wird. Kuttner selbst ist der Ansicht, daß der Strafrichter auch für Taten, die vor dem Erlaß des Zivilurteils begangen sind, an die Feststellung des Zivilurteils gebunden sei, „weil das publizistische Gebot der Anerkennung des einmal festgestellten Rechtsverhältnisses (im Verhältnis zu den Prozeßparteien) sich an sämtliche Organe des Staates richtet, die ihm in seiner unteilbaren Einheit als Träger der Hoheitsrechte repräsentieren" (a. a. O. S. 219, 233). Daß ihm darin nicht beigetreten werden kann, ist oben im Text ausgeführt. Im Ergebnis gleicher Ansicht wie Kuttner ist auch Krückmann ZZP. 48, 15f. (gegen Pagenstecher RheinZ. 6, 542) von dem Standpunkte der Rechtskraft als eines — rückwirkenden — Rechtsbesitzes.

Aus der Erkenntnis, daß jede Staatsstelle bei der Beurteilung der materiellen privatrechtlichen Rechtslage einer Urteilspartei — wenn es nach dem anzuwendenden materiellen Rechtssätzen des öffentlichen Rechts einschließlich des Strafrechts hierauf ankommt — auch die durch ein Zivilurteil begründeten Rechte und Pflichten zu beachten hat, folgt also zwar eine gewisse Bindung der Staatsstellen an die Zivilurteile. Aber diese Bindung ist keine unmittelbare, verfahrensrechtliche, sondern eine mittelbare, vermittelt durch die Einwirkung des Urteils auf die materielle Rechtslage der Urteilsparteien. Mit diesem Mittel lösen sich alle auftauchenden Fragen der Bindung von Verwaltungsstellen und Strafgerichten zufriedenstellend. Auch die Fälle der erstreckten Rechtskraft lösen sich ohne Schwierigkeit. Wenn z. B. die Ehelichkeit eines Kindes festgestellt ist, so bedeutet das, daß Vater und Kind — und hier wegen der erstreckten Rechtskraft auch alle anderen Menschen — die privatrechtlichen Rechte und Pflichten haben, die aus dem Kindschaftsverhältnis folgen, mit anderen Worten, daß das Kindschaftsverhältnis rechtlich besteht oder noch anders gesagt, daß das Kindschafts-Rechtsverhältnis wirklich besteht. Knüpft nun ein Gesetz öffentlichrechtliche Folgen an das Bestehen des Rechtsverhältnisses der ehelichen Kindschaft, so kann die kraft des Urteils jetzt bestehende Rechtslage nicht von der entscheidenden Verwaltungsstelle außer acht gelassen werden. Der Anspruch des Beamten auf Zahlung des „Kindergeldes“ kann von einer Verwaltungsstelle entgegen einem positiv feststellenden Zivilurteil nicht verneint werden, denn der Beamte hat ja alle Pflichten gegenüber dem Kinde zu erfüllen, die ein ehelicher Vater gegenüber seinem Kinde hat; die Erfüllung dessen finanziell zu ermöglichen, ist der Zweck des „Kindergeldes“; ebenso knüpft das Zeugnisverweigerungsrecht an das Rechtsverhältnis der Kindschaft an, weil der enge persönliche Kontakt — wenn er nicht schon blutmäßig begründet ist — so doch auf jeden Fall durch das Rechtsverhältnis und seine Erfüllung (z. B. die Erziehung und den in Natur durchgeführten Unterhalt des Kindes) herbeigeführt wird. Voraussetzung für eine derartige Bindung ist aber immer, daß auch wirklich das von den Verwaltungsstellen oder dem Strafrichter anzuwendende Gesetz auf die privatrechtlichen Verhältnisse Bezug nimmt, und daß es sich auch genau um diejenigen Rechtsverhältnisse handelt, auf die sich das Zivilurteil bezieht. Ist das der Fall, haben also die Verwaltungsstellen und der Strafrichter die privatrechtlichen Rechtsverhältnisse im gegebenen Falle zu berücksichtigen, so müssen sie auch beachten, was die Zivilurteile in dieser Hinsicht an Rechten und Pflichten der Beteiligten hervorgerufen haben; also überall da, wo die Staatsstellen überhaupt die bürgerlichrechtliche materielle Rechtslage zu beachten haben, haben sie auch die prozeßrechtlich geschaffenen, aber jetzt als materielle Rechte wirksamen Urteilsrechte und -pflichten zu berücksichtigen. Andernfalls würde, was der Zivilrichter — im Verhältnis zum Gegner — erlaubt, der Strafrichter als — gerade gegenüber dem Gegner — unerlaubt und strafbar behandeln müssen; und das ist ganz sicher nicht richtig.

b) Keine verfahrensrechtliche Bindung.

Im Schrifttum wird zuweilen behauptet, die Einheitlichkeit der staatlichen Autorität erfordere, daß der Spruch einer jeden Staatsstelle auch von allen anderen Staatsstellen beachtet werden müsse. Dieser Satz ist nicht richtig. Er könnte — seine Richtigkeit zunächst vorausgesetzt — nicht dazu führen, daß dem Zivilurteil eine stärker bindende Kraft auf andere Staatsstellen beigelegt wird, als es für die Zivilgerichte selbst hat. Die Rechtskraft eines Zivilurteils bedeutet für die Zivilgerichtsbarkeit nur, daß das Bestehen der rechtskräftig festgestellten Rechtslage nicht mehr abweichend angenommen werden kann. Das umschließt zwar, daß das Festgestellte auch als fortbestehend und damit für seine weitere rechtliche Entwicklung infolge Verletzungen usw. ebenfalls als existent anzusehen ist. Aber es bedeutet nicht, daß auch für Rechtsvorgänge, die zeitlich vor dem rechtskräftigen Urteile liegen, die Urteilsfeststellung präjudiziell verbindlich wäre. Ist z. B. jemand rechtskräftig zur Bezahlung einer Schuld verurteilt worden, so kann zwar eine Klage wegen eines später entstandenen Verzugsschadens nicht mit der Begründung abgewiesen werden, daß die — rechtskräftig festgestellte — Forderung in Wahrheit nicht bestehe; wird aber auf einen schon vor dem ersten Urteil entstandenen Verzugsschaden geklagt, so kann die Frage, ob damals eine Schuld bestanden hat, abweichend von der rechtskräftigen Feststellung beantwortet werden. Die Zivilgerichte selbst sind also nicht so sehr an die Feststellung als vielmehr nur an das Festgestellte gebunden. D. h. sie sind nicht gehindert, sich in einen offenen, logisch klaren Gegensatz zu einem rechtskräftigen Urteil zu setzen; sie sind nur gezwungen, die als bestehend festgestellten Rechte und Pflichten als seit dem Urteilserlaß bestehend ohne Prüfung hinzunehmen, wobei freilich bei Feststellungsurteilen eine gewisse (scheinbare) Rückbeziehung vorliegen kann (vgl. dafür oben nach Note 32). Es ist also in seiner Allgemeinheit nicht richtig, daß die Rechtskraft ihren Sinn darin findet, ein Widerspruch zwischen zwei staatlichen Entscheidungen müsse im Interesse der Staatsautorität vermieden werden. Die Rechtskraft läßt vielmehr zu, daß ein späteres Urteil sich in einem offensichtlichen Gegensatz zu einem früheren setzt; nur eben die rechtskräftig festgestellten Rechte (oder verneinten) dürfen nicht für die Zeit danach verneint und damit gegenstandslos gemacht (bzw. bejaht und damit wirksam gemacht) werden.

Haben Verwaltungsstellen und Strafgerichte zu entscheiden, so sind auch sie in genau demselben[35]) Umfange wie die Zivilgerichte an ein vorliegendes Zivilurteil gebunden. Auch sie müssen das Bestehen der von dem Zivilurteil festgestellten Rechte und Pflichten als von dem Urteil an wirklich bestehend hinnehmen. Aber auch sie sind nicht gehalten, einen sonstigen Widerspruch mit dem Zivilurteil zu vermeiden. Sie können in demselben Maße von der Feststellung des rechtskräftigen Urteils abweichen wie die Zivilgerichte. Ebenso wie die Zivilgerichte eine Klage auf den Verzugsschaden abweisen können, wenn die Schadensentstehung vor dem Urteilserlaß lag, so kann auch der Strafrichter den Täter wegen Sachbeschädigung verurteilen, der vor dem Erlaß eines sein Eigentum feststellenden Urteils die Sache, die in Wahrheit dem Gegner gehört, beschädigt hat.

4. Keine Bindung durch Abstammungsurteile.

Wo die biologische Abstammung — nicht der Familienrechtsstand — öffentlichrechtliche oder strafrechtliche Folgen hat, da sind diese nicht wegen der privatrechtlichen Bedeutung der Abstammung — eben des Familienrechtsstandes — angeordnet, sondern wegen der physischen und psychischen Eigenschaften des Menschen, die sich aus seiner Abstammung bestimmen lassen. Das ist bereits

[35]) Der Grund der Bindung des Zivilrichters an rechtskräftige Zivilurteile ist freilich ein anderer als der für die Bindung anderer Staatsstellen. Diese dürfen von der Urteilsfeststellung nicht abweichen, weil die durch das Urteil begründeten Rechte und Pflichten wirklich bestehen. Die Zivilgerichte dagegen könnten an sich vielleicht auf Grund ihrer Aufgabe, die privatrechtlichen Rechtslagen gemäß den materiellen privatrechtlichen Gesetzen zu bestimmen, wohl befugt sein, das frühere Urteil auf Grund einer neuen Prüfung abzuändern, wie es in der freiwilligen Gerichtsbarkeit zugelassen ist (§ 18 FGG.). Sie sind daran nur durch einen besonderen prozessualen Rechtssatz gehindert, der das Wesen der Rechtskraft ausmacht. Es ist oben bei Anm. 21 schon ausgeführt, daß mit dieser Begründung die prozeßrechtliche Rechtskrafttheorie als richtig anerkannt wird.

oben § 1 III dargelegt. Stellt das Abstammungsurteil entsprechend der Aufgabe der Zivilgerichte mit dem Wortausdruck „Abstammung" nur die familienrechtlichen oder sonstigen privatrechtlichen Beziehungen, die aus der Abstammung folgen, fest, so würde diese Feststellung für die öffentlichrechtlichen und strafrechtlichen Folgen der Abstammung ohne Bedeutung sein, weil eben diese öffentlichrechtlichen und strafrechtlichen Folgen nicht an die privatrechtliche Bedeutung der Abstammung, sondern an diese als eine Blutseigenschaft des Menschen selbst anknüpfen; denn es ist für die öffentlichrechtliche Bedeutung der Abstammung ohne jeden Einfluß, ob privatrechtlich zwischen Vater und Kind familienrechtliche Beziehungen bestehen oder nicht. Es ist also anders als in den Fällen, in denen der Ehelichkeitsfamilienstand rechtserheblich ist, z. B. im Erbschaftssteuerrecht, in der Beamtenbesoldung u. ä.; in diesen Fällen knüpfen die Steuergesetze und die Beamtenbesoldungsgesetze nicht an die Abstammung als Tatsache, sondern an das Bestehen des — privatrechtlich geordneten — Familienverhältnisses, d. h. an die Summe der familien- und erbrechtlichen Rechten und Pflichten an.

Während also sonst zuweilen Zivilurteile mittelbar eine Bindung anderer Staatsstellen herbeiführen, insofern als sie Rechte und Pflichten der Rechtsgenossen hervorrufen und diese Rechte und Pflichten nun wieder Ausgang von öffentlichrechtlichen Rechtsfolgen werden, kann das Abstammungsurteil im Sinne der Feststellung der biologischen Abstammung eine derartige mittelbare Wirkung nicht haben. Es könnte eine Bindung anderer Staatsstellen nur unmittelbar dadurch herbeiführen, daß es die öffentlichrechtlichen Rechtsfolgen der Abstammung selbst zum Gegenstand seiner Feststellung macht. Etwas Derartiges ist im ganzen Rechtsgebiete ohne Vorbild. Es würde nichts weniger bedeuten, als daß die Zivilgerichte eine den Verwaltungsgerichten und dem Strafrichter zustehende Persönlichkeitsprüfung diesen entziehen und an Stelle dieser zuständigen Staatsstellen selbst bindend gerade und unmittelbar über die Frage, die gar nichts mit dem Privatrecht zu tun hat, entscheiden würden.

Die Tragweite eines derartigen Versuches wird klar, wenn man an Stelle der Wendung: die Abstammung wird festgestellt, ihren Sinn in ausdrücklichen Worten auseinanderlegt. Wir untersuchen ja hier den Fall, daß die Abstammung nicht als ein Rechts-„Verhältnis" zwischen Vater und Kind festgestellt wird, sondern als die biologische Tatsache der Abstammung für ihre gesamten rechtlichen Folgen. Die Worte: die Abstammung wird festgestellt, sind also nur eine kurze Sprachwendung dafür, daß alle Rechtsfolgen der Abstammung festgestellt werden. Abstammungsfeststellung heißt also hier in Wahrheit: Es wird festgestellt, daß das Kind für die Strafbestimmung des § 173 StGB. als das natürliche Kind des Beklagten zu behandeln ist; daß für die Beamtenanstellung die arische Eigenschaft insofern bewiesen (oder nicht bewiesen) ist, als es auf die Abstammung von dem Beklagten ankommt; daß in einem Erbgesundheitsverfahren für auftauchende erbbiologische Begutachtungen der Beklagte als der natürliche Erzeuger anzusehen ist; usw. Das zeigt deutlich, daß hier das Zivilurteil nicht wie sonst nur mittels einer privatrechtlichen Regelung einen Einfluß auf eine Entscheidung anderer Staatsstellen gewinnt, sondern daß ganz unverblümt das Zivilgericht die unmittelbare Entscheidung solcher Fragen an sich ziehen würde, die nur andere Staatsstellen zu entscheiden haben.

Die Unzulässigkeit eines derartigen Verfahrens wird noch dadurch deutlicher, daß für das Verfahren der anderen Staatsstellen zuweilen andere Grundsätze gelten, so daß das bindende Zivilurteil zu untragbaren Ergebnissen führen würde. So haben der Strafrichter und der Erbgesundheitsrichter in weitergehendem Maße als der Zivilrichter die materielle Wahrheit zu beachten. Zwar hat das Reichsgericht die Abstammungsklagen dem Untersuchungsgrundsatz unterstellt und damit dem Strafverfahren insoweit angeglichen; aber in der Urteilswirkung besteht noch eine gewichtige Verschiedenheit. Die Rechtskraft des Zivilurteils ist nur in den sehr seltenen Fällen der Nichtigkeits- oder Restitutionsklagen widerleglich und aufhebbar. Das verurteilende Strafurteil dagegen ist zugunsten des Verurteilten jederzeit auf Grund neu bekannt werdender Tatsachen im Wiederaufnahmeverfahren überprüfbar (§ 359 Nr. 5 StPO.); auch im Erbgesundheitsverfahren ist eine Nachprüfung bei Bekanntwerden neuer Tatsachen vorgeschrieben (§ 12 II ErbgesGes.). Ist nun aber bei der zivilrechtlichen Abstammungsfeststellung ein Irrtum geschehen, so müßten der Strafrichter und der Erbgesundheitsrichter diesen Irrtum hinnehmen und darauf ihre Entscheidung bauen, obwohl sie bei eigenen Irrtümern sogar bereits rechtskräftige Entscheidungen, die sie selbst erlassen haben, aufheben können.

Praktisch würden sich folgende Ergebnisse herausstellen: Das Urteil würde hier verlangen, daß ein Amtsarzt bei der Beurteilung, ob eine Erbkrankheit vorliege, von der festgestellten Abstammung ausgehen müßte, selbst dann, wenn Material vorliegt, das das Gegenteil beweist. Er müßte auf Grund des rechtlich bindenden Abstammungsurteils vielleicht entscheidend eine Erbkrankheit bejahen. Dieser Fall kann sehr leicht vorkommen! Denn gerade bei erbmassemäßig minderwertigen Menschen ist einerseits ein Mehrverkehr wahrscheinlicher und anderseits sind die Zeugenaussagen meist noch unzuverlässiger als sonst, so daß gerade hier eine falsche Abstammungsentscheidung durchaus im Bereiche der Möglichkeit liegt. Auch wenn es sich nicht um ein Verfahren nach dem Erbgesundheitsgesetz handelt, kann ähnliches auftreten. Wenn z. B. nach dem angeblichen Erzeuger eine minderwertige Erbmasse vorliegen müßte, müßte auch das Ehestandsdarlehn verweigert werden. Einem Beamtenanwärter, dessen nichtarische Abstammung sich trotz entgegenstehenden Abstammungsurteils erweist, dürfte die Anstellung nicht mit der Begründung versagt werden, er sei nicht arisch. Oder: Ein Beamter ist ernannt worden, weil auf Grund eines Abstammungsurteils seine arische Abstammung feststand. Wenn sich jetzt ein Jude meldet und darlegt, daß er vermutlich der Erzeuger sei, und wenn die Kindesmutter unter dem Druck einer bevorstehenden erbbiologischen Untersuchung das zugibt, so dürfte dem gleichwohl nicht nachgegangen werden. Der Beamte müßte in seinem Amt bleiben. Tatsächlich ist aber gerade in §§ 59, 72 RBG. vorgesehen, daß ein Beamter, der infolge irrtümlicher Annahme seiner deutschblütigen Abstammung ernannt worden ist, entweder zu entlassen oder in den Ruhestand zu versetzen ist, also auf jeden Fall aus seinem Amt zu entfernen ist. Dieses besondere beamtenrechtliche Sicherheitsventil gegen Irrtümer in Abstammungsfragen müßte versagen, wenn ein zivilgerichtliches Abstammungsurteil mit seiner unwiderleglichen Feststellung vorläge. Und schließlich müßte der Strafrichter eine Blutschande zwischen Erzeuger und Kind unbestraft lassen, wenn zwar tatsächlich eine Blutsverwandtschaft besteht, das Zivilurteil aber die Blutsverwandtschaft verneint hat. Er müßte auch bei der Strafzumessung unbesehen eine kriminelle Belastung durch den Vater beachten, selbst wenn der Angeklagte unter Berufung auf Zeugenaussagen vorbringt, sein kriminell belasteter „Vater" sei nicht wirklich sein Vater, er habe ihm also keine kriminelle Belastungen vererbt, sondern ihn höchstens durch seinen Einfluß als Erzieher auf die schiefe Bahn gebracht.

Nach alledem können wir als Ergebnis feststellen: Es ist nach unserer Rechtsordnung nicht zulässig, daß das Zivilgericht unmittelbar öffentlichrechtliche Fragen für andere Behörden bindend entscheidet, auch wenn das in der Form geschieht, daß eine Tatsache für ihre rechtlichen Folgen auf öffentlichrechtlichem Gebiete festgestellt wird. Die Verwaltungsstellen und Strafgerichte wären an eine derartige Feststellung nicht gebunden. Mit anderen Worten, es ist rechtlich unmöglich[36]), daß ein Urteil für alle Rechtsfolgen bindend die Abstammung feststellen wollte. Wenn es das tut, so ist es hinsichtlich der öffentlichrechtlichen und strafrechtlichen Rechtsfolgen unwirksam.

§ 4. Abstammung als privatrechtlich erhebliche Tatsache.

I. Abstammung in allgemeiner privatrechtlicher Bedeutung.

Nach den bisherigen Überlegungen ist es unmöglich, daß Abstammungsurteile die Wahrheit der Abstammung verbindlich feststellen, und es ist auch unmöglich, daß sie die Abstammung für ihre gesamte rechtliche Erheblichkeit bindend feststellen könnten. Die nächste Stufe geringerer Wirksamkeit ist die Feststellung der Abstammung für ihre gesamte privatrechtliche Erheblichkeit. Daß solche Feststellungsurteile mit solcher Wirkung in einer Rechtsordnung zugelassen werden könnten, darüber besteht kein Zweifel. Aber einerseits ist zweifelhaft, ob ein solcher Urteilsspruch noch für den Zweck der Abstammungsklage genügt, während umgekehrt auch wieder bedenklich ist, ob er nach der ZPO. zulässig ist. Beides ist für die Beurteilung des vermutlichen Inhalts der Abstammungsfeststellung maßgeblich; denn einmal müssen die Urteile möglichst weitgehend ihrem Zweck gerecht werden, während sie sich nach Möglichkeit auch in den Grenzen der Zulässigkeit nach den Verfahrensgesetzen halten müssen, und diese wenigstens nicht in so grober Weise überschreiten dürfen, daß daraus die Unwirksamkeit folgen würde.

Der Zweck, den die Abstammungsklagen und -urteile verfolgen, geht sicher weiter als nur dahin, für eventuell spätere zivilrechtliche Beurteilungen — und damit auch für die zivilrechtliche Behandlung durch die Rechtsgenossen — die Abstammung verbindlich festzu-

[36]) Im Schrifttum ist anerkannt, daß unter gewissen Umständen, insbesondere bei groben Verstößen gegen Gesetze, so daß man von rechtlicher Unmöglichkeit reden kann, das Zivilurteil unwirksam ist. Ein Streit darüber besteht nicht. Vgl. Schönke § 70; Jonas-Pohle vor § 578 I, 2. Nur scheinbar ist anderer Meinung Würzer, Nichturteil und nichtiges Urteil (1927) S. 159ff.; er bestreitet nur, daß das Urteil wegen rechtlicher Unmöglichkeit ein Nichturteil oder auch nur ein nichtiges Urteil sei. Aber daß es nicht wirksam sei, leugnet auch er nicht.

stellen. Denn Fälle, in denen die reine Abstammung z. B. unehelicher Kinder privatrechtlich bedeutsam wird, sind außerordentlich selten, es sind ja nur die Fälle der §§ 6 EheG. und 25 REG. Der Zweck der Abstammungsklagen liegt vielmehr darin, für die öffentlichrechtlichen Belange und auch für das private Wissen die Frage der Abstammung zu klären. Jedoch gibt uns hier ein allgemeiner Rechtsprechungsgrundsatz des Reichsgerichts einen Anhaltspunkt zu einer Lösung. Ganz allgemein für alle Feststellungsklagen wendet das Reichsgericht den Rechtssatz an, daß das Feststellungsinteresse nicht in dem Interesse gerade an der rechtskräftigen Feststellung des Beantragten zu bestehen braucht. Es genügt vielmehr, daß mit dem Feststellungsurteil ein mittelbarer Zweck verfolgt wird, z. B. um durch Vorlage des Urteils auf ein Verwaltungsverfahren einen Einfluß zu versuchen[1]). Überhaupt ganz allgemein dann, wenn die Aussicht besteht, daß sich ein Dritter auch ohne Rechtskraftwirkung dem Urteil inhaltlich anschließen werde[2]). Nach diesen Grundsätzen wäre ein Urteil, das die Abstammung nur für ihre privatrechtliche Erheblichkeit feststellen will, nicht wegen mangelnden Feststellungsinteresses unzulässig, weil es als ein gewisses Beweismittel bei anderen Behörden auch für andere als privatrechtliche Fragen auf jeden Fall verwertbar ist.

Aber es besteht ein anderes Bedenken: Stellt ein Urteil eine Abstammung für alle ihre privatrechtlichen Folgen rechtskräftig fest, so ist der Kreis der Angelegenheiten, der von der Rechtskraft erfaßt würde, wegen der gegen alle wirkenden Rechtskraft unübersehbar. Zwar werden wohl selten Fälle vorkommen, in denen die Rechtskraft auch für Dritte privatrechtlich bedeutsam werden könnte. Möglich sind sie aber immerhin und sie lassen, wo sie möglich sind, die Feststellung als zu weitgehend erscheinen. Z. B. würde gegenüber Sippenforschern und Historikern, die eine andere Abstammung als die im Urteil festgestellte behaupten, unter Umständen auf Unterlassung dieser Behauptung geklagt werden können[3]). Und noch

---

[1]) RG. 70, 371; Jonas-Pohle § 256, III, 2. Vgl. dazu die weiteren Angaben oben § 1 Anm. 5ff.

[2]) RG. 148, 32; 129, 34.

[3]) Materiellrechtlich wäre eine solche Klage wohl begründet. Denn wenn jemandem seine Abstammung streitig gemacht wird, so kann darin u. U. objektiv eine Ehrverletzung liegen. Allerdings gibt § 823 I BGB. nach herrschender Auffassung keinen Ehrschutz und § 823 II gewährt ihn nur, wenn ein strafrechtlicher Tatbestand (§§ 185ff. BGB.) verwirklicht ist. Man ist aber heute, wo die Ehre wie überhaupt alle ideellen Güter höher bewertet wird, geneigt, die Ehre auch

schlimmer: Ein Verlobter, der von seiner Mutter erfahren hat, daß das Zivilurteil über seine Abstammung falsch ist und er von einem Verbrecher oder einem erbanlagekranken Vater oder auch nur von einem Nichtdeutschen — Polen, Russen oder dgl. — abstammt, dürfte seiner Braut die Wahrheit über seine Abstammung verschweigen. Ihre Eheaufhebungsklage müßte später abgewiesen werden, weil der erbanlagekranke Mann „rechtlich gesund" ist, und weil er trotz seiner sonstigen Abstammungsbelastung rechtlich unbelastet ist. In beiden Beispielen zeigt sich, wohin Urteile führen, die für ganz unbestimmte und unbestimmbare Komplikationen eine Tatsachenbeurteilung unwiderruflich festlegen. Bei keiner anderen Klage des geltenden Rechts gibt es derartiges. Immer — auch bei der Statusklage der §§ 640ff. ZPO. — beschränkt sich der Urteilsspruch auf ein bestimmtes Rechtsverhältnis, so daß die Feststellungswirkung in den Rechtswirkungen des Rechtsverhältnisses ihre Begrenzung findet. So würde z. B., wenn das Bestehen eines Mietverhältnisses festgestellt wird, — die allgemeine Rechtskraft hierfür angewandt — jetzt feststehen, daß die Parteien die Rechte und Pflichten aus dem Mietverhältnis haben. Nur für das Mietverhältnis ist also die Entscheidung erheblich, nicht für beliebige andere Komplikationen, die mit dem Vorgang des Abschlusses des Mietvertrages zusammenhängen. Würde dagegen, um eine Parallele zur Abstammungsfeststellung zu ziehen, z. B. festgestellt werden, daß die Parteien rein faktisch einen Mietvertrag geschlossen haben, dann könnte man meinen, daß sich die Parteien nunmehr z. B. auch in einem anderen Rechtsstreit bei ihren Zeugenaussagen vor Gericht an dieser Feststellung halten müßten, weil sonst der Gegner auf Unterlassung klagen und der als Zeuge etwas anderes Aussagende Schadenersatz leisten müßte, wenn infolge seiner Aussage der Gegner verurteilt wird.

---

nach § 823 I zu schützen. Dann würde auch eine allgemeine Unterlassungsklage bei nicht schuldhafter, sondern bloß objektiver Ehrverletzung möglich sein. Vgl. zu den Bestrebungen über die Erweiterung des Ehrschutzes z. B. Larenz, Vertrag und Unrecht, II, 46. — Aber auch über den Ehrschutz hinaus wird man der großen Bedeutung der Abstammung Rechnung tragen und einen zivilrechtlichen Schutz gegen unrichtige Behauptungen über die Abstammung eines anderen gewähren müssen. Dieser Schutz müßte dem Namensschutz und dem Recht am eigenen Bilde ähnlich gestaltet werden. Die Bestrebungen zur Ausdehnung des „Persönlichkeitsschutzes", zu dem das gehören würde, sind schon seit längerer Zeit geäußert worden. Im allgemeinen haben sie jedoch Ablehnung gefunden: Oertmann, Komm. § 823, 1; Planck-Siber, 4. Aufl. § 823 II, 1f. Für eine besonders weite Ausdehnung des Persönlichkeitsschutzes: Schulz-Schaeffer, Das subjektive Recht im Gebiet der unerlaubten Handlungen (1915), S. 202. S. 223ff.

Mit gutem Grund sind darum die Feststellungsklagen durch § 256 ZPO. ausdrücklich auf Rechtsverhältnisse beschränkt worden und es besteht auch in Rechtsprechung und Schrifttum völlige Einigkeit, daß damit rechtserhebliche Tatsachen der urteilsmäßigen Feststellung entzogen sind[4]). Besinnt man sich auf den Inhalt der Abstammungsurteile, wie sie hier gedacht werden, so stellen sie aber sicher nicht ein Rechtsverhältnis, sondern nur eine rechtserhebliche Tatsache fest; denn wir beurteilen hier gerade den Fall, daß sie die Abstammung feststellen, soweit diese irgendwie privatrechtlich erheblich ist.

Die Wirkung eines Abstammungsurteils, das über den § 256 ZPO. hinaus die Abstammung bewußt in ihrer vollen privatrechtlichen Erheblichkeit feststellen wollte, wird allerdings durch diese Unzuträglichkeiten wohl nicht berührt werden. Denn ein hinreichender Grund für die völlige Nichtbeachtung eines Urteils liegt in der Überschreitung der Grenzen des § 256 ZPO. nicht.

II. Beschränkung auf Rechtswirkungen zwischen Erzeuger und Kind.

Das Reichsgericht hat die erste grundsätzliche Zulassung der Abstammungsklagen damit begründet, daß die Abstammung ein „Rechtsverhältnis“ sei[5]) und es hat zur näheren Darlegung dessen die einzelnen Rechtswirkungen aufgezählt, die die Abstammung in dem Verhältnis zwischen Erzeuger und Abkömmling hervorrufen kann. Diese Begründung paßt nur auf ein Urteil, das die Abstammung ausschließlich in ihrer rechtlichen Erheblichkeit für die Beziehungen zwischen Erzeuger und Kind feststellt. Denn wenn der Gegenstand der Feststellung das Rechtsverhältnis zwischen Vater und Kind sein soll, so stellt eben das Urteil nur dieses Rechtsverhältnis fest. Man mag streiten, ob das vom Reichsgericht gedachte Verhältnis zwischen dem Erzeuger und seinem Kind ein Rechtsverhältnis ist; was aber damit gemeint ist, ist ganz eindeutig, nämlich die Abstammung, in ihrer familienrechtlichen Bedeutung, also die Abstammung, soweit sie Rechtslagen zwischen Vater und Kind zur Folge hat.

Das scheint nichts anderes zu sein als das, was wir als familienrechtliche Rechtsstellung des unehelichen Kindes bezeichneten. Für diese hatten wir aber bereits die Erkenntnis gewonnen, daß sie nicht Gegenstand des Urteils sein kann, weil sich nach materiellem

[4]) Jonas-Pohle § 256, II, 1; RG. 85, 440. Die Frage ist ganz unstreitig.
[5]) RG. JW. 38, 245.

Recht die familienrechtliche Rechtslage nicht nach der biologischen Abstammung richtet und darum ein Urteil über die familienrechtlichen Rechtsfolgen auch nicht mittelbar die biologische Abstammung wiedergibt (vgl. oben § 1 II 2 a. E.). Daran kann auch nicht gerüttelt werden.

Aber es besteht ein Unterschied zwischen der Feststellung der Abstammungstatsache mit der Beschränkung der Feststellungswirkung auf familienrechtliche Beziehungen einerseits und der Feststellung der familienrechtlichen Beziehungen anderseits. Diese festzustellen, um wenigstens mittelbar die Abstammung zu klären, ist wegen der in den einzelnen Fällen verschiedenartigen Beweisanforderungen nicht durchführbar. Anders ist es, wenn das Gericht ohne die Rechtsfolgen auszusprechen, die Abstammung feststellen dürfte, und dabei die Feststellungswirkung auf die familienrechtlichen Rechtsfolgen beschränken dürfte. Diejenigen, die meinen, daß die Abstammungstatsache ein Rechtsverhältnis im Sinne des § 256 ZPO. sei, weil sie ein Verhältnis zwischen Erzeuger und Kind ist, das von der Rechtsordnung beachtet und mit familienrechtlichen Rechtswirkungen bedacht ist, begegnen hier keinen Schwierigkeiten. Nach dieser Auffassung kann die Abstammung unmittelbar nach § 256 ZPO. rechtskräftig festgestellt werden, so daß also rechtskräftig das Verhältnis zwischen Vater und Kind feststeht, das sich in den familienrechtlichen Folgen erschöpft. Wer dagegen meint, daß Rechtsverhältnisse im Sinne des § 256 ZPO. nur Inbegriffe rechtlicher Regelungen seien, und wer demgemäß die Abstammung nur für ein rechtserhebliches tatsächliches Verhältnis, aber nicht für ein Rechtsverhältnis hält, der müßte zwar nach dem so verstandenen Grundsatze des § 256 ZPO. die Zulässigkeit der Abstammungsfeststellung ablehnen. Aber auch von diesem Standpunkte aus müßte bedacht werden, daß die Klage auf Feststellung der Echtheit einer Urkunde einen Anhaltspunkt für eine ausdehnende Auslegung des § 256 ZPO. bietet, und daß zur Befriedigung des zweifellos vorhandenen dringenden Bedürfnisses nach der Zulässigkeit von Abstammungsklagen ausnahmsweise auch diese rechtlich erhebliche Tatsache der Abstammung festgestellt werden kann, wenn die Feststellungswirkungen auf die typischen privatrechtlichen Rechtsfolgen der Tatsache beschränkt bleiben. Das Feststellungsurteil über die Echtheit einer Urkunde klärt zwar auch nur eine Tatsache, aber stellt sie rechtskräftig nur fest für ihre typische Rechtsfolge, nämlich für die Gültigkeit der Urkunde, soweit sie von der Echtheit abhängt.

Welche anderen Rechtsfolgen die Urkunde hat, ob ihr Inhalt wegen sonstiger Mängel (z. B. §§ 138 oder 105 BGB.) etwa nichtig ist, wird nicht geprüft. Die Urkundenfeststellung ist selbst dann zulässig, wenn die vollen Rechtsfolgen der Urkunde einerseits ohne weiteres Verfahren festgestellt werden könnten, anderseits aber ein Interesse besteht, gerade nur die Echtheit der Urkunde feststellen zu lassen, wobei dieses Interesse sich auf ganz andere rechtliche Dinge beziehen kann, z. B. auf die Beeinflussung einer Beweiswürdigung in einem Strafverfahren wegen Urkundenfälschung (vgl. oben § 1 Anm. 6). In Anlehnung an diese Rechtsprechungsgrundsätze müßte auf jeden Fall auch die Abstammungstatsache für ihre rechtliche Erheblichkeit in dem familienrechtlichen Verhältnis zwischen Erzeuger und Kind festgestellt werden können, ohne daß das Urteil die familienrechtlichen Folgen selbst feststellen müßte.

Aber welche familienrechtlichen Folgen werden von der Rechtskraft des Abstammungsurteils erfaßt? Sicher kann das rechtskräftige Urteil für alle diejenigen Fälle maßgeblich sein, in denen schlechthin die Abstammung tatbestandsmäßige Voraussetzung ist; das ist der Fall in § 6 EheG. und § 25 REG. (vgl. oben § 1 II). Wie ist es aber dort, wo das Gesetz durch Beweiserleichterungen oder -erschwerungen Abweichungen von der Abstammungsvoraussetzung enthält? Bedeutsam ist das besonders für die „offenbare Unmöglichkeit" der Abstammung in den §§ 1717, 1591 BGB. Obwohl die Rechtsprechung die Bedeutung der „offenbaren Unmöglichkeit" in der letzten Zeit etwas abgeschwächt hat, ist doch nach der durchaus begründeten und richtigen Interessenabwägung des Gesetzes ein strengerer Maßstab an das Beweisergebnis zu legen, wenn dem Kinde die familienrechtliche Stellung als eheliches Kind aberkannt oder einem unehelichen Kinde der Unterhaltsanspruch versagt werden soll, als wenn es sich nur um die Rechtsfolge eines Ehehindernisses oder des § 25 REG. handelt. Die Feststellung dieser letzten Rechtsfolgen oder auch schlechthin der Ausspruch der blutmäßigen Abstammung ist bei einem so hohen Grade der Wahrscheinlichkeit, der normalerweise als Beweis gilt, eher zu vertreten als die Aberkennung der Familienrechtsstellung als eheliches Kind bzw. des Unterhaltsanspruches, wenn immerhin noch eine Möglichkeit besteht, daß doch der Ehemann der Mutter oder der in Anspruch genommene Beihälter der Erzeuger des Kindes ist. Weil die Urteile über die blutmäßige Abstammung nicht jener besonders hohen Anforderung der völligen Ausschließung jeder anderen Möglichkeit unterliegen[6]), können sie für die Tatbestände der §§ 1591, 1717, soweit sie den völligen Ausschluß entgegenstehender Möglichkeiten fordern, keine Rechtskraftwirkung haben. Es kann z. B. sein, daß ein erbbiologisches Gutachten zu dem Ergebnis kommt, das Kind stamme zwar nicht mit voller Gewißheit, aber doch mit erheblicher Wahrscheinlichkeit nicht von dem Beklagten ab; daraufhin könnte u. U. zwar ein negatives Abstammungsurteil, aber vielleicht nicht ein die Ehelichkeit oder den Unterhaltsanspruch absprechendes Urteil ergehen. Anders ist es, wo nicht die offenbare Unmöglichkeit der Abstammung vorgesehen ist. So schafft ein positives Abstammungsurteil Rechtskraft für spätere[7]) Ehelichkeits- und Unterhaltsklagen; in beiden Fällen kann der Richter die Vaterschaft des festgestellten Erzeugers nicht mehr verneinen.

Beachtet man das, dann ergibt sich:

Die Abstammungsurteile können eine Rechtskraftwirkung nur für Rechtsverhältnisse gemäß §§ 6 EheG., 25 REG. und einige besonders liegende Fälle haben, im übrigen haben sie grundsätzlich keine Rechtskraftwirkung oder sonst bindende Wirkung.

Zu diesen Fällen einer Rechtskraftmöglichkeit tritt als weitere mögliche Rechtskraftwirkung diejenige für künftige Wiederholungsprozesse über dieselbe Abstammungstatsache. Denn es ist eine der wichtigsten Rechtskraftwirkungen eines Zivilurteils, daß es in einem neuen Prozeß über dieselbe Angelegenheit den Richter an einer abweichenden Entscheidung hindert. Daß aber auch diese an sich wohl mögliche Rechtskraftwirkung der Abstammungsurteile aus besonderen Gründen nicht anerkannt werden kann, daß vielmehr in Abstammungsprozessen eine abweichende Entscheidung in einem neuen Verfahren möglich ist, wird in dem nächsten Hauptteil nachgewiesen.

---

[6]) Das ist ausdrücklich vom RG. festgestellt worden. RG. 163, 323: „Nachdem gerade wegen der öffentlichen Belange das Verfahren der §§ 640ff. ZPO. mit seinen besonderen Sicherungen für eine richtige Entscheidung hier für anwendbar erklärt worden ist, wird das Erfordernis einer besonders strengen Beweiswürdigung nicht mehr aufrechterhalten werden können. — Es sei aber darauf hingewiesen, daß an die Führung des Beweises im Rechtsstreite nicht zu hohe Anforderungen gestellt werden dürfen."

[7]) Für Unterhaltsklagen hat RG. in DR. 42, 1019 (großer Zivilsenat) sogar ausgesprochen, daß ein positives Abstammungsurteil auch die Rechtskraft eines früher ergangenen Urteils, daß den den Unterhaltsanspruch abwies, beseitige. Vgl. dazu die kritische Ausführungen von Bosch in ZAkDR. 42, 296 ff.

II. Hauptteil. Völlige Verneinung der Rechtskraft.

§ 5. Die Rechtskraft bei Abstammungsurteilen ein Mangel.

I. Der sachlich enge Kreis der Rechtskraft kein Mangel.

Der Zweck der Abstammungsurteile erschöpft sich nicht auf dem kleinen Sachgebiete, auf dem sie die normale Wirkung von nur feststellenden Zivilurteilen, die Rechtskraftwirkung, entfalten. Dieses Gebiet ist, wie wir soeben sahen, begrenzt auf einige besonders gelagerte familienrechtliche Streitigkeiten zwischen Erzeuger und Kind, vor allem aber auf künftige Wiederholungsprozesse über die Feststellung der Abstammung. Tatsächlich ist es aber die Aufgabe der Abstammungsprozesse und -urteile, die Wahrheit über die Abstammungstatsache zu ermitteln und das Ergebnis durch einen Spruch des Gerichtes festzustellen. Diese Prüfung und Würdigung des Beweisergebnisses ist ebensosehr für die unmittelbar Betroffenen und ihre Angehörigen im Interesse des Sippegedankens wie für die Öffentlichkeit im Interesse der Menschenbeurteilung nach erbbiologischen Gesichtspunkten von größter Wichtigkeit. Für und gegen sie alle besteht jedoch gerade in den sie interessierenden Angelegenheiten keine Rechtskraftwirkung und damit auch keine Feststellungswirkung des Feststellungsurteiles, in Wahrheit also überhaupt keine Rechtswirkung des Urteiles, wie in §§ 2—4 nachgewiesen ist. Für die Zwecke, zu denen die Abstammungsprozesse vom Reichsgericht eingeführt worden sind, sind die darin ergehenden Urteile also unwirksam, und sie sind wirksam nur für einen ganz winzigen und ganz bedeutungslosen Bereich, für den ein Interesse irgendeines Menschen wohl nur sehr selten bestehen wird.

Aber die Formulierung, die Urteile seien für ihren wesentlichsten Anwendungsbereich „unwirksam", wird der wirklichen Sachlage nicht ganz gerecht. Obwohl (und wie wir sehen werden: gerade weil) im wesentlichen keine feststellende Wirkung des Urteils besteht, erfüllen die Urteile doch die Aufgabe, der sie dienen sollen. Alle Beteiligten wollen nur erfahren, was die sorgfältige Prüfung und Wertung der Abstammungsanhaltspunkte durch ein Staatsorgan von der strengen Objektivität und der fachlichen Vorbildung der

Gerichte ergeben hat. Weder ein vernünftiger Beteiligter noch eine Staatsstelle noch ein behandelnder Arzt noch ein Sippenforscher oder in späteren Zeiten ein Historiker werden von der Urteilsfeststellung abweichen, wenn sie nicht ausnahmsweise einen Anhaltspunkt haben, der die Unrichtigkeit des Urteils ergibt. Für sie alle ist das Urteil zwar nicht bindend in seiner Feststellung, aber es ist doch der nach menschlichem Können wertvollste Anhalt für die Wahrheit.

Die mangelnde Bindung ist an sich kein Nachteil. Nur daß die Abstammungsurteile nach den für Zivilprozeßurteile geltenden Regeln, deren Anwendung das RG. nirgendwo ausschließt, eine weitergehende Rechtskraftwirkung beanspruchen, ist methodisch und praktisch recht nachteilig. Methodisch ist es darum nachteilig, weil die Abstammungsurteile nicht die Wirkung haben, die man aus ihrer Natur als Zivilurteile erwarten müßte, nämlich daß sie die Abstammung, die sie feststellen, auch unwiderleglich feststellen[1]); wenn sie aber nicht die Wirkung haben, die sie nach ihrer Rechtsnatur haben müßten, so sind sie unwirksam, und darin liegt die Kennzeichnung einer Mangelhaftigkeit, einer Fehlerhaftigkeit. Praktisch ist es nachteilig, weil die — oben § 2ff. geprüfte — schwierige Frage, wie weit im einzelnen die Rechtskraft der Abstammungsfeststellung wirken kann, und wie weit ihr die Rechtswirksamkeit versagt werden muß, von den verschiedenen Behörden und Gerichten jeweils geprüft und entschieden werden muß. Es wäre wesentlich praktischer, wenn das Urteil selbst durch seinen Inhalt, oder wenn allgemeine Regeln klar und deutlich aussagten, daß ein Abstammungsurteil überhaupt keine materielle Rechtskraft habe, oder daß sich seine Rechtskraftwirkung auf die Rechtsverhältnisse nach § 6 EheG. und § 25 REG. beschränke.

---

[1]) Daran ändert nichts, daß unsere Gerichtspraxis Fälle ähnlicher Art kennt. Wie schon einmal erwähnt (oben § 1 bei Anm. 5 f.) sind Feststellungsurteile auch dann zulässig, wenn die Parteien kein Interesse an der zivilrechtlichen Rechtskraft des Festgestellten haben, sondern nur an dem gerichtlichen Ausspruch der Feststellung, mit dem sie eine andere Stelle beeinflussen wollen; so z. B. wenn mit der Feststellung der Echtheit der Urkunde erreicht werden soll, daß sich vielleicht der Strafrichter von dieser Beurteilung der Urkunde beeinflussen läßt. Jedoch ist es bei den Abstammungsfeststellungen etwas anders. Während bei den anderen Feststellungen entweder durch den Inhalt des Urteils oder sonst durch die Tatsache, daß es sich um ein Zivilurteil — noch dazu mit personell engem Rechtskraftkraftkreis — und darum um ein sachlich begrenztes Rechtskraftgebiet handelt, alle Fragen des Rechtskraftbereiches klargestellt sind, ist bei Abstammungsfeststellungen das Urteil schon nach seinem Wortlaute und erst recht nach seinem Sinn auf die Gebiete abgestellt, auf denen es gerade keine Rechtskraftwirkung haben kann.

II. Die Rechtskraft als Mangel.

Obwohl die Abstammungsurteile gerade hinsichtlich aller Angelegenheiten, für die sie eingeführt worden sind, keine Rechtskraft haben, sind sie trotzdem als Urteile unwiderruflich (formell rechtskräftig) und machen es unmöglich, daß jemals (abgesehen von den seltenen Fällen einer Wiederaufnahme nach den §§ 578ff. ZPO.) eine abweichende und damit auch eine berichtigende Feststellung erfolgen kann. Das ist ein sehr gewichtiger Mangel.

1. Die starken Fehlerquellen für Abstammungsurteile.

Das Streben nach Wahrheit ist in Abstammungsstreitigkeiten wesentlich schwerer zu verwirklichen als in anderen Prozessen. Der Richter ist auch unter Verwendung der neuzeitlichsten Erfahrungen der Medizin und Erbbiologie — die ihm übrigens nicht immer zur Verfügung stehen[2]) — in erster Linie auf Zeugenaussagen und dabei wieder vorwiegend auf die Aussage der Kindesmutter angewiesen. Wenn zuweilen im Schrifttum davon die Rede ist, daß das Amtsprüfungsverfahren unter Einbeziehung der erbbiologischen Untersuchungen eine fast unfehlbare Garantie für die Richtigkeit der Entscheidung biete[3]), so ist das sicher nicht richtig. Denn die Grundlage eines jeden Abstammungsverfahrens bleibt, wie schon gesagt, die Aussage der Kindesmutter. Kommen nach ihrer Aussage und nach dem sonstigen Ergebnis der Zeugenvernehmungen nicht bestimmte mehrere Männer als Erzeuger in Betracht, so wird ein erbbiologisches Gutachten gar nicht erst eingefordert werden[3a]),

---

[2]) Wegen der starken Überlastung der zu erbbiologischen Gutachten fähigen Institute ist zwischen dem Reichsminister des Innern und dem Reichsjustizministe vereinbart worden, daß die Institute erbbiologische Gutachten wegen Arbeitsüberlastung verweigern dürfen, wenn die als Vater in Frage kommenden Männer erbbiologisch und rassisch gleichwertig sind. Steht also bei der umstrittenen Abstammung weder die arische Abstammung noch die Abstammung von einem erbbiologisch minderwertigen Erzeuger in Frage, so kann das erforderte Abstammungsgutachten verweigert werden (Erlaß des Reichsministers der Justiz vom 27. 6. 1939 — 3470 — IVb 2 1087 —, abgedruckt in DJ. 40, 1275). Daraus hat das OLG. Stettin die Schlußfolgerung gezogen, daß in einem Abstammungsstreit, der für die arische Abstammung und die erbbiologische Vollwertigkeit des Kindes nicht von Bedeutung ist, die erbbiologische Begutachtung kein geeignetes Beweismittel sei (DJ. 40, 1275). A. A. ist das RG. (Vgl. dazu Frantz in DR. 42, 820). Immerhin werden anf Grund jener Ansicht des OLG. Stettin manche Urteile ergangen sein.

[3]) So Roquette DR. 41, 2102: „Die Möglichkeit, daß gegenüber der Feststellung im Urteil die wahre Sachlage eine andere sein könne, ist bei der jetzigen Ausgestaltung des Verfahrens nach menschlichem Ermessen ausgeschlossen."

[3a]) RG. in DR. 42, 862. Frantz in DR. 42, 820: „Immer muß, wenn es sich

weil der Hauptwert solcher Gutachten darin liegt, daß sie von mehreren in Betracht kommenden Männern den Erzeuger feststellen[4]). Und selbst, wenn das Gutachten den einen der mehreren in Betracht kommenden Männer als Erzeuger feststellt, so ist eine Unrichtigkeit möglich, wenn nicht alle Männer bekannt geworden sind, die innerhalb der Empfängniszeit Verkehr hatten[5]). Man wird also trotz des Amtsprüfungsverfahrens und trotz der Möglichkeit — die auch nur in beschränktem Umfange besteht —, erbbiologische Gutachten einzuholen, mit einem gewissen Anteile sachlich unrichtiger Urteile zu rechnen haben. Dieser Anteil wird sogar recht hoch sein, weil es eine Erfahrungstatsache ist, daß vor Gericht besonders viel in den Prozessen gelogen wird, die mit der unehelichen Geburt eines Kindes zusammenhängen; ein großer Teil der Meineide kommt in derrtigen Rechtsstreiten vor.

Die Fehlerquellen werden nicht etwa dadurch beseitigt, daß nach einem Rechtsprechungsgrundsatz des Reichsgerichts bei Nichtaufklärung der Abstammung weder nach der positiven noch nach der negativen Richtung eine bestimmte Feststellung zu treffen sei[6]). Dieser Grundsatz beseitigt nur den Zwang zu einer bestimmten Entscheidung, wenn das Beweisergebnis unbestimmt ist. Aber er bedeutet nicht, daß besonders hohe Anforderungen an den Beweis zu stellen wären. Im Gegenteil, das Reichsgericht hat gerade betont, daß die Beweisanforderungen auch in Abstammungsangelegenheiten nicht zu hoch gespannt werden dürften[7]).

2. Die häufige spätere Fehleraufdeckung.

Zu der Tatsache, daß Abstammungsurteile durch die besondere Unzuverlässigkeit der Beweismittel in erhöhtem Maße Fehlern unter-

---

um die Frage des Mehrverkehrs handelt, wenigstens ein Anhalt bestehen, um die Einholung des erbbiologischen Gutachtens zu rechtfertigen."

[4]) RG. JW. 37, 3159: „Daß es sich dabei" (= erbbiologische Methode) „um eine taugliche Erkenntnisquelle handelt, steht jetzt außer Zweifel; das gilt besonders für den hier vorliegenden Fall, daß die Feststellung auf Grund der Untersuchung der mehreren in Betracht kommenden Männer erfolgen soll". JW. 37, 2222: Ein solches Gutachten sei insofern bedeutungsvoll als es zum Ausdruck bringe, „welcher von den beiden Männern der Vater sei, wenn zwei Männer gleichzeitig mit der Frau Verkehr gehabt haben." Allerdings wird das erbbiologische Gutachten nicht dann überflüssig, wenn nicht alle möglichen Erzeuger zur Ähnlichkeitsuntersuchung zur Verfügung stehen; RG. in DR. 42, 863, Frantz in DR. 42, 820.

[5]) Vgl. Hense DJ. 39, 1072. — Sehr eingehend nimmt zu der Frage des Beweiswertes der erbbiologischen Gutachten Förster in DR. 42, 163 Stellung; auch er kommt zu dem Ergebnis, daß sie meist nur einen Wahrscheinlichkeitswert haben.

[6]) RG. 164, 285. [7]) RG. 163, 323, Frantz in DR. 1941, 1973.

worfen sind, kommt als weitere Eigenart hinzu, daß sich öfter als bei anderen abgeurteilten Streiten später doch noch die Wahrheit herausstellt. Es ist im allgemeinen eine psychologische Eigenart, daß derjenige, der intensiv und immer wieder vor Gericht die gleichen Lügen gesagt hat, mit der Zeit das Bewußtsein seines Unrechts verliert und sich ganz in das Gebäude seiner Lügen hineinlebt. Gelingt es ihm schließlich, das Gericht erfolgreich zu täuschen, so wird es erst recht oft geschehen, daß er sich letzten Endes nach einiger Zeit in seinem Recht fühlt. Eine spätere Aufdeckung der erledigten Angelegenheit wird darum durch den lügenhaften Zeugen, besonders wenn er an dem Streite sachlich interessiert ist, oder die lügenhafte Partei nur höchst selten auftreten. Ganz anders ist es in Abstammungsstreitigkeiten. Die Kindesmutter, auf deren falsche Aussage fehlerhafte Urteilsfeststellungen wohl meist zurückgehen werden, wird niemals den Gedanken, wer der wirkliche Vater ihres Kindes ist, aufgeben. Die Wahrheit wird immer in ihr lebendig bleiben. Und man kann wohl sagen, daß sie fast immer dem erwachsenen Kinde irgendwann einmal die bisher verheimlichte Wahrheit über die Abstammung offenbaren wird. Sehr oft wird also schließlich bei fehlerhaften Abstammungsurteilen die Wahrheit schließlich doch noch an den Tag kommen.

3. Kein Sinn der Rechtskraft.

Ein Gerichtsurteil soll grundsätzlich zwei nicht immer vereinbarlichen Zwecken genügen. Es soll richtig sein, aber es soll auch endgültige, unwiderrufliche Klarheit schaffen. Die menschliche Unzulänglichkeit und vor allem die Unzuverlässigkeit der Beweismittel verhindert zuweilen eine wahrheitsgemäße Entscheidung. Dann geht in normalen Rechtsstreitigkeiten das Interesse an der unwiderruflichen Klarheit, mit anderen Worten die Rechtssicherheit, vor. Ihr wird das Prinzip der Wahrheit und Gerechtigkeit geopfert, wenn sich beides nicht vereinen läßt. Für Abstammungsfeststellungen gilt das jedoch nicht.

a) In normalen Rechtsstreitigkeiten muß trotz der Gefahr der Unrichtigkeit eine Entscheidung ergehen, die unwiderruflich und unwiderleglich den Streit erledigt. Die Rechtssicherheit fordert eben vordringlichst Beseitigung des unklaren Zustandes, sie fordert ein Entweder—Oder, selbst auf die Gefahr hin, daß damit der materiellen Gerechtigkeit nicht Genüge geschieht. Das ist in Abstammungsangelegenheiten nicht so. Hier gilt nicht, daß unter allen Umständen die Abstammungsfrage entweder bejaht oder verneint wird. Das Gegenteil gilt. Es ist besser, daß eine Abstammungsfeststellung unterbleibt, wenn sie nicht ganz sicher ist. Diesem Gedanken hat das Reichsgericht ausdrücklich Rechnung getragen und hat entschieden, daß bei nicht völliger Klärung eine Abstammung nicht festgestellt werden soll, daß vielmehr die Abstammungsklage ohne Verneinung der Abstammung abzuweisen sei (vgl. oben die Anm. 6). Ist das aber richtig, dann ist auch einer Rechtskraftwirkung der Abstammungsurteile die Berechtigung überhaupt entzogen. Denn, wenn der Richter nicht von der Notwendigkeit beherrscht wird, im Interesse der Rechtssicherheit die Abstammung so oder so bestimmt festzustellen, so kann auch nicht im Interesse der Rechtssicherheit verlangt werden, daß eine einmal so oder so getroffene Feststellung unverrückbar selbst gegen einen späteren Beweis des Gegenteils aufrechtzuerhalten sei. Der Gedanke der Rechtssicherheit, der sonst eine unbedingt bindende Entscheidung fordert, selbst wenn sie falsch ist, gilt also bei Abstammungszweifeln nicht. Damit hat hier auch die Rechtskraft in ihrer Funktion als unwiderlegliche und unwiderrufliche Feststellung keine Berechtigung.

b) Und weiter: Der Ausschluß der Nachprüfung eines Zivilurteils (= die Verwirklichung der Rechtssicherheit) hat den Zweck, das einmal Geurteilte unbedingt gelten zu lassen. Tatsächlich gilt aber die in einem Feststellungsurteil festgestellte Abstammung nicht; es besteht nur eine frei zu wertende Beweiswirkung des Abstammungsurteils, keine zwingende Feststellung (wenn von der verbindlichen Feststellung der Abstammung für die Rechtsbeziehungen aus § 6 EheG. und § 25 REG., die ja verhältnismäßig ganz unwichtig sind, und einigen anderen Fällen abgesehen wird). Beachtet man, daß die Urteile nicht deshalb Rechtskraft genießen, weil der Feststellungsakt (das Urteil) seinem Wesen nach unwiderruflich und unüberprüfbar ist, sondern nur darum, weil der Inhalt des Festgestellten oder Angeordneten im Interesse der Rechtssicherheit unwiderruflich und endgültig gelten soll, so ist es offenbar, daß bei Abstammungsurteilen kein Grund besteht, die spätere Nachprüfung auszuschließen. Oder anders gesagt: Kann jeder Dritte, jedes Gericht und jede andere Behörde bei auftretenden Fragen, für die die Abstammung als Vorfrage wichtig ist, den Urteilsspruch nachprüfen und gegebenenfalls in seiner Beurteilung davon abweichen, so ist kein rechtspolitischer Grund vorhanden, warum das Gericht gehindert sein soll, den Ausspruch über die Abstammungsfeststellung selbst zu ändern. Es hat keinen Sinn, dem Gericht die

Beseitigung einer solchen Feststellung zu verbieten, die als falsch erkannt, doch von niemandem mehr beachtet wird und nun in Wahrheit doch unwirksam, weil ohne die sonst vorhandene Beweiswirkung ist.

4. Der Nachteil des Ausschlusses der Nachprüfung.

Dem Mangel auch nur eines einzigen Vorteils für den Ausschluß der Nachprüfbarkeit müssen wir hinzufügen: Es ist umgekehrt sogar in hohem Maße nachteilig, daß die Abstammungsurteile nicht nachprüfbar sind. Denn wir sahen, daß das Abstammungsurteil eine sachliche Rechtskraftwirkung nur in einigen recht bedeutungslosen Hinsichten hat, daß es aber überall dort eine solche Wirkung nicht hat, wo es überhaupt eine praktisch ins Gewicht fallende Bedeutung für Beurteilungen, die von der Abstammung auszugehen haben, haben kann. Die Rechtskraft der Abstammungsurteile ist für die Zwecke, für die die Abstammungsurteile gerade eingeführt sind, also ohne jede Wirksamkeit, weil das Urteil lediglich als unverbindliches Beweismittel von und vor Behörden und für das private Wissen verwertet werden kann. Die Unabänderlichkeit des Urteils in Gestalt der Bindung aller Zivilgerichte zu immer gleicher Entscheidung, fördert diese Bedeutung nicht, sondern umgekehrt beeinträchtigt sie den Beweiswert des Urteils. Denn die Beweiswirkung des Urteils ist ohne rechtliche Grundlage, sie ist nur psychologisch bedingt durch das Vertrauen zu der Richtigkeit der gerichtlichen Prüfungen, die aber, wie jedermann weiß, von der Unzuverlässigkeit der Zeugen beeinträchtigt sein können. Ist nun die gerichtliche Feststellung schlechthin unwiderruflich, so weiß jeder, daß nachträglich bekanntwerdende Tatsachen nicht mehr beachtet werden können und darum auch oft nicht einmal mehr vorgebracht werden. Allen derartigen Urteilen wird darum der Mangel anhaften, daß sie eine „formelle“ Abstammung bescheinigen. Und nichts ist geeigneter, Mißtrauen im Verkehr zu erwecken, als etwas, was „formell“ ist und dadurch unangreifbar geworden ist; psychologisch drängt sich gegenüber dem Formellen von selbst die Frage nach dem Wahren auf.

Die beweisentkräftende Wirkung, die die Unwiderruflichkeit für eine Tatsachenfeststellung haben muß, ist bei Abstammungsurteilen aus den beiden schon dargelegten Gründen besonders groß: Sie unterliegen erstens ganz besonders starken Fehlerquellen und zweitens lassen sich diese Fehlerquellen häufiger als bei anderen gerichtlichen Entscheidungen in späterer Zeit doch noch aufdecken. Das muß unbedingt dazu führen, daß der Verkehr und die Behörden die Abstammungsurteile sehr bald als nicht beweiskräftig bei Seite schieben werden.

5. Ergebnis.

Alle diese Überlegungen bekommen erst ihr volles Gewicht, wenn man die verschiedenen Gründe gegenüberstellt: Es gibt keinen einzigen Sinn, den die Unabänderlichkeit des Urteils haben könnte, weil ja jederzeit jede Behörde und jeder Privatmann, die sich für die Abstammung interessieren wollen oder müssen, die Frage nachprüfen können und von der gerichtlichen Feststellung abweichen können; anderseits schadet die Aufrechterhaltung falscher Feststellungen, d. h. die völlige Unmöglichkeit der Berichtigung einer fehlerhaften Feststellung, dem Beweiswert der Urteile, der der einzige Zweck dieser Urteile ist.

III. Methodische Gründe für die Unzweckmäßigkeit der Rechtskraft.

Der Grund dafür, daß die Rechtskraft für Abstammungsfeststellungen so wenig paßt, liegt darin, daß der Zivilprozeß auf Tatsachenfeststellungen nicht zugeschnitten ist. Zivilprozeßstreitigkeiten sind grundsätzlich Streitigkeiten, in denen es darum geht, wie sich die streitenden Rechtsgenossen zueinander zu verhalten haben. Die Leistungsklage zeigt das ganz offensichtlich. Aber auch bei Feststellungsklagen, die nach § 256 ZPO. nur über Rechtsverhältnisse zulässig sind[1]), ist es nicht anders, denn ein Rechtsverhältnis zwischen einzelnen Rechtsgenossen birgt in sich Verhaltensregeln. Die Klage zur Erlangung eines Feststellungsurteils über ein Rechtsverhältnis unterscheidet sich von der auf ein Leistungsurteil nur dadurch, daß das Leistungsurteil bestimmte Leistungsbefehle ganz konkret und in einer zur sofortigen Zwangsvollstreckung geeigneten Form ausspricht, während das Feststellungsurteil durch die Feststellung des Rechtsverhältnisses gegebenenfalls eine Vielzahl von Verhaltenspflichten und Rechten festgelegt. So wird bei der Feststellung des Eigentums folgender Verhaltensstreit geregelt: es wird gesagt, daß die obsiegende Partei alles das tun „darf", wozu nach geltendem Recht der Eigentümer berechtigt ist, ferner, daß der Gegner eine Einwirkung auf die umstrittene Sache „nicht" vor-

---

[1]) Wegen der scheinbaren Ausnahme der Urkundenfeststellung vgl. oben § 2 Anm. 13.

nehmen „darf“ und daß die obsiegende Partei (und nicht der Gegner) über das rechtliche Schicksal der Sache bestimmen, d. h. über sie verfügen „kann“. Auch bei der Feststellung des Bestehens einer Ehe oder eines Kindschaftsverhältnisses werden letzten Endes Verhaltensregelungen getroffen; den Ehegatten wird eröffnet, daß sie sich rechtlich als Ehegatten zu verhalten haben, woran dann die Rechtsordnung (§ 643 ZPO.) die Folgerung anknüpft, daß sie sich von allen als Ehegatten behandeln lassen müssen und sich allen gegenüber (z. B. steuerrechtlich) so verhalten können. Bei der Feststellung des Kindschaftsverhältnisses gilt ganz Entsprechendes. Auch hier wird in erster Linie festgestellt, daß Erzeuger und Kind die aus der Rechtsordnung folgenden Verhaltenspflichten und -rechte gegeneinander haben; für den Vater z. B. folgt aus dem Ehelichkeitsverhältnis, daß er das Recht und die Pflicht zur Sorge für die Person und das Vermögen des Kindes, einschließlich der Unterhaltspflicht und der Erziehungspflicht, und weiter die Vertretungsmacht und das Nutznießungsrecht an dem Vermögen des Kindes hat, alles Rechte und Pflichten, die im letzten Grunde das Verhalten gegenüber dem Kinde regeln. Zwar hat das festgestellte Rechtsverhältnis auch öffentlichrechtliche Wirkungen. Diese bestehen aber in der Regel nur als Folgen der Verhaltensregelung gegenüber dem Kinde, die das Privatrecht trifft. So ist die Steuerermäßigung für den Vater und das Beamtenkindergeld mit Rücksicht auf die Unterhaltspflicht angeordnet, nicht etwa als Prämie für die Tatsache, daß ein lebendes minderjähriges Kind des Steuerpflichtigen bzw. Beamten existiert. Und das Zeugnisverweigerungsrecht z. B. des Kindes erklärt sich daraus, daß wegen des mittels Erziehungs- und Unterhaltspflicht geregelten Familienlebens grundsätzlich ein so enger persönlicher Kontakt zwischen Vater und Kind besteht, daß der Aussagezwang dieses Familienleben stören würde. — Für die Gestaltungsurteile gilt nichts anderes als für die Leistungs- und Feststellungsurteile; auch sie enthalten letzten Endes eine Entscheidung, wie sich die Rechtsgenossen zu verhalten haben. Denn auch hier — z. B. bei Ehescheidungen, Eheanfechtungen, Herabsetzungen zu hoher Vertragsstrafen usw. — geht es um die Frage, ob die Partner noch weiterhin die Verhaltenspflichten und Rechte haben sollen, die eben z. B. aus einer Ehe folgen, oder ob sie auf Grund der bestehenden Eheschwierigkeiten davon befreit werden können. — Bei allen Streitsachen des Zivilprozesses geht es also um die Frage, wie sich die streitenden Rechtsgenossen zu verhalten haben (wobei meist die alleinige Frage ist, wie sie sich zueinander zu verhalten haben, aber gelegentlich doch auch ihre Verhaltenslage zu Dritten geregelt wird, nämlich in allen den Sachen, in denen das Urteil auch gegen Dritte wirkt).

Für Verhaltensstreitigkeiten der Rechtsgenossen ist es nicht nur zweckmäßig, sondern wohl unumgänglich, daß die Entscheidung über den Streit unwiderruflich und unabänderlich ist und damit den Streit ein für allemal erledigt, ihn dadurch in Wahrheit erst aus der Welt schafft. Aber die Abstammungsfeststellungen haben ihre Bedeutung nicht darin, daß sie sagen, wie sich Erzeuger und Kind zueinander zu verhalten haben, sondern ihr Wert und ihr Sinn liegt in der Feststellung, welche Bluteigenschaften — erbbiologisch ausgesagt — ein Mensch in sich trägt, also in einer reinen Tatsachenfeststellung. Dafür paßt die Unwiderruflichkeit nicht — wie wohl auf keine Tatsachenfeststellung.

§ 6. Ergebnis: Verneinung der Rechtskraft in jeder Bedeutung.

I. Der Weg des RG. zur Rechtskraft.

Der soeben dargelegten Bemängelung der Abstammungsurteile, daß sie materiell rechtskräftig sind, d. h. daß sie trotz evtl. Unrichtigkeit eine anderweite Feststellung der Abstammung in einem neuen Feststellungsverfahren nicht zulassen, wird man entgegenzuhalten geneigt sein: das folge unvermeidlich aus der Tatsache, daß eben die Abstammungsurteile Zivilprozeßurteile seien und damit positivrechtlich der materiellen Rechtskraft unterlägen. Der Gedanke wäre richtig, wenn die Abstammungsstreitigkeiten ihrem Wesen nach wirklich Zivilprozeßsachen wären. Das sind sie jedoch nicht, wie soeben dargelegt worden ist, und wie auch daraus zu ersehen ist, daß die Feststellung einer blutmäßigen Abstammung zunächst überhaupt für unzulässig gehalten wurde, und daß erst dann, als das Bedürfnis nach diesen Feststellungen nach 1933 besonders groß wurde, die Rechtsprechung nach einem Weg zu suchen begann, wie dem Bedürfnis abgeholfen werden konnte. Nur mit zwei Kunstgriffen gelang es dem RG., die Abstammungsfeststellungen im Zivilprozeßverfahren erfolgen zu lassen:

a) Die Wahrheit über die Abstammung, die die Blutseigenschaften eines Menschen klarstellen soll, wird nicht selbst unmittelbar festgestellt. Vielmehr wird das Abstammungs*verhältnis* zwischen Erzeuger und Kind, d. h. die Grundlage und der Gegenstand einer rechtlichen Regelung, zum Objekt der zu treffenden Feststellung gemacht. Auf diese Weise wird den Voraussetzungen einer Feststellungsklage über ein Rechtsverhältnis — also über Verhaltensfragen der Rechtsgenossen — zwar äußerlich Genüge getan. Das Urteil über die Abstammung enthält aber dementsprechend letzten Endes auch nur eine Entscheidung über das Rechtsverhältnis zwischen Erzeuger und Kind, also darüber, wie sich beide zueinander verhalten müssen (bzw. dürfen oder können).

b) Diesen engen Feststellungsinhalt verfälscht der Wortlaut des Urteils. Während rechtlich nur festgestellt werden kann[1]) und festgestellt werden soll[2]), daß sich zwei bestimmte Menschen als Erzeuger und Kind zueinander zu verhalten haben (und Dritten gegenüber die daraus folgenden Rechte haben, wie es bei ehelichen Kindern besonders deutlich ist), spricht das Urteil dem Wortlaute nach schlechthin die Feststellung der Abstammungstatsache aus. Der Urteilsspruch, daß für das Verhalten zweier Menschen die Abstammungstatsache gelten soll, wird durch eine ungenaue Ausdrucksweise in die Feststellung der Tatsache selbst verwandelt.

Durch diese beiden Kunstgriffe gelingt es zwar dem RG. im Wege eines Zivilurteiles eine Tatsachenfeststellung zu erreichen. Aber es unterstellt damit die Tatsachenfeststellung, für die das Zivilprozeßstrafverfahren nicht paßt, den Regeln und der Behandlung zivilprozeßualer Urteile. Und daraus ergeben sich die dargelegten Mängel.

Sind diese Kunstgriffe, die man besser als notdürftige Behelfsmittel bezeichnet, aber wirklich unumgänglich notwendig, um zu dem Ziele einer gerichtlichen Abstammungsfeststellung zu gelangen?

II. Die richtigen Grundsätze des RG. über die Behandlung von Abstammungsklagen.

1. Zulässigkeit der Abstammungsfeststellung im Zivilprozeß.

a) Zulässigkeit einer gerichtlichen Abstammungsfeststellung.

Unsere positiven Gesetze weisen weder mit einer generellen noch mit einer speziellen Norm den Gerichten oder anderen Behörden die Aufgabe zu, die Abstammung eines Menschen zu prüfen und fest-

[1]) Vgl. oben § 5 III.

[2]) Daraus, daß die Abstammung als „Rechtsverhältnis" zwischen Erzeuger und Kind festgestellt werden soll (vgl. besonders RG. JW. 38, 245), folgt ja, daß man Rechtsbeziehungen zwischen Erzeuger und Kind als Gegenstand der Feststellung ansieht.

zustellen. Das Zivilprozeßverfahren ist dafür nicht vorgesehen, weil es dazu bestimmt ist, Streitigkeiten über einzelne Rechte oder Pflichten der Rechtsgenossen, also im letzten Grunde Verhaltensstreitigkeiten zu entscheiden, sei es in der Form von Leistungsurteilen, sei es in der Form von Feststellungsurteilen oder Gestaltungsurteilen (vgl. oben). Für die Abstammung soll aber nur die Wahrheit ermittelt werden, d. h. es soll eine reine Tatsache klargestellt werden. Inhaltlich ist eine solche Feststellung nicht eine Streitsache des Zivilprozesses, sondern eine Angelegenheit der freiwilligen Gerichtsbarkeit. Wenn auch das Wesen der freiwilligen Gerichtsbarkeit mit einer umfassenden Definition nicht positiv beschrieben werden kann[3]), so läßt es sich doch hinreichend klar durch den Gegensatz zu den Zivilprozeßstreitigkeiten erkennen, die ihrerseits deutlich genug durch den Streit über Rechte und Pflichten zu bestimmtem Verhalten gekennzeichnet sind; nur muß diese Erkenntnis dadurch eingeschränkt werden, daß sie lediglich als allgemeine Richtlinie gelten kann und daß positivrechtlich oft Streitsachen dem Verfahren der freiwilligen Gerichtsbarkeit unterstellt sind (z. B. §§ 1612, II, 1357 II, 1358, 1308, 1379, 1402, 1246 [in Verbindung mit § 166 FGG.] BGB.) und umgekehrt auch zuweilen Sachen, die keine eigentlichen Streitsachen sind, den Zivilprozeßgerichten übertragen sind (z. B. das Aufgebotsverfahren). Wenn nun auch die Abstammungsfeststellungen ihrem Wesen nach nicht echte Streitsachen und daher Sachen der freiwilligen Gerichtsbarkeit sind, so folgt daraus nicht, daß sie im Verfahren des FGG. zulässig wären. Denn es gibt keinen Rechtssatz, der etwa bestimmte, daß alle Angelegenheiten, die inhaltlich dem Wesen freiwilliger Gerichtsbarkeit entsprechen, auch wirklich von den Gerichten nach dem Verfahren der freiwilligen Gerichtsbarkeit zu erledigen wären. Vielmehr ist den Gerichten nur eine geschlossene Anzahl von Angelegenheiten übertragen, nämlich diejenigen Sachen, die ausdrücklich in den Gesetzen zum Aufgabenbereich der Gerichte des FGG. erklärt sind. Darüber hinaus können die Gerichte keine Tätigkeiten ausüben. Eine Abstammungsfeststellung ist also nach den bestehenden Gesetzen im Verfahren der freiwilligen Gerichtsbarkeit ebensowenig zugelassen wie etwa für das Zivilprozeßverfahren, das seiner ganzen Art nach nicht für die Abstammungsfeststellung, eine Tatsachenfeststellung, paßt.

---

[3]) Über die einzelnen Versuche einer Begriffsbestimmung vgl. Schlegelberger FGG. § 1 I.

Das Reichsgericht hat sich jedoch mit Recht bei dieser Erkenntnis nicht begnügt, sondern in Fortbildung des Gesetzesrechts eine neue Zulässigkeit mit einem auch neuen Verfahren geschaffen. Die Abstammungsfrage, die nach heutiger Auffassung für jeden Menschen und auch aus öffentlichen Gründen ungeheuer wichtig ist, muß aufgeklärt werden. Weil eine private Aufklärung in aller Regel unmöglich ist, müssen staatliche Stellen mit ihren Befugnissen zur Zeugen- und Parteienvernehmung, zur Heranziehung von Sachverständigen und zur Beeidigung aller Auskunftspersonen zur Verfügung stehen. Das dringende und unabweisbare Bedürfnis nach einer staatlichen Klärung der Abstammung hat sich erst nach 1933 entwickelt, also lange nach der Fassung der ZPO. und der übrigen einschlägigen Gesetze und auch lange nach ihrer letzten grundsätzlichen Durchsicht und Änderung. Für das neu aufgetretene Bedürfnis, das keiner bisher gesetzlich geregelten Rechtserscheinung gleichartig ist, hat der Gesetzgeber noch keine bestimmten Rechtssätze normiert. Das bedeutet nicht, daß es ein anzuwendendes Recht zur Befriedigung der neuen Anforderungen der Rechtspflege nicht gäbe; es bedeutet vielmehr nur, daß der Gesetzgeber über den Inhalt dieses Rechtes noch nichts Bindendes festgestellt hat.

Nach nationalsozialistischer Auffassung ist das Recht die Ordnung des Volkslebens, die ihm grundsätzlich nicht gegeben wird, sondern die es aus sich selbst hat, weil es eben ein Volk und kein auf einem bestimmten Gebiete zufällig zusammengelaufener Menschenhaufen ist. Ebenso wie auch die Sprache und die Sitte dem Volke nicht gesetzt werden, sondern Funktionen seines Volkslebens sind, so ist es auch mit dem Recht. Auch das Recht gilt im Volk von selbst, wie die Sitte, von der es sich nur dadurch unterscheidet, daß seine Verletzung eine so starke Mißbilligung der Gemeinschaft hervorruft, daß die Gemeinschaft die Befolgung erzwingt.

Der Gesetzgeber gibt durch seine Gesetze grundsätzlich nicht neues Recht, er erfindet es nicht, sondern er findet das Recht, genau wie der Sprachforscher die grammatischen Gesetze nicht erfindet und die offizielle Sprachgrammatik nicht erdachte Regeln aufstellt, sondern die, die in der lebendigen Sprache gefunden sind. Freilich kommt dem Gesetzgeber neben dieser Aufgabe der Rechtsfindung noch eine andere Aufgabe zu. Er hat nicht nur verbindend festzustellen, was schon als Recht gilt, sondern er hat auch als Volksführer die Rechtsgeltung zu beeinflussen, Verschiedenheiten auszugleichen, Unklarheiten zu beseitigen und vor allem Mißbräuche zu unterdrücken und schließlich als Führer neue Rechtentwicklungen anzubahnen. In der Erfüllung dieser letzten Aufgaben wird der Gesetzgeber zum Volksführer, der neues Recht schafft. Die Öffentlichkeit sieht in dieser Tätigkeit meist das alleinige Wesen der Gesetzgebung. Das mag sich aus den zahllosen öffentlichrechtlichen und wirtschaftslenkenden Vorschriften rechtfertigen, die bei weitem den größten Teil der Gesetzesblätter füllen. In dem Recht über das Verhalten der Volksgenossen untereinander, im Gebiet des Privatrechts, hat aber sicher die nur feststellende Tätigkeit des Gesetzgebers das Schwergewicht. Beachtet man das, dann ist klar: Der Spruch des Gesetzgebers darüber, daß ein bestimmtes Recht gelte, ist ebenso wie das Gerichtsurteil eine rechtskräftige Entscheidung. Während das Gerichtsurteil für den konkreten Sachverhalt verbindlich entscheidet, was Recht ist — also wie sich die Parteien zu verhalten haben —, so entscheidet der Gesetzgeber verbindlich für abstrakte Tatbestände, was Recht ist. An diesen verbindlichen Spruch des Gesetzgebers hat sich auch der Richter zu halten. Aber solange der Gesetzgeber noch nicht entschieden hat, was als Recht abstrakt gilt, hat der Richter die geltende Rechtsnorm selbst zu finden und den Rechtsbefehl der Norm für den Einzelfall verbindlich festzustellen. Es ist also nicht so, daß ein Fehlen gesetzlicher Regelung auch das Fehlen von Rechtsnormen bedeutete, die der Richter anzuwenden hätte. Es fehlt nur die abstrakte Entscheidung über Art und Inhalt des Rechts. Die einzelnen Volksgenossen haben sich dem Rechte entsprechend in den konkreten Fällen zu verhalten auch wenn es nicht besonders für jeden konkreten Fall von einem Gericht angeordnet ist. Ebenso hat auch der Richter das geltende abstrakte Recht anzuwenden, ohne Rücksicht darauf, ob es schon von der hierfür zuständigen Stelle, dem Gesetzgeber, festgestellt ist.

Da von der Volksführung und dem Volke dem Gedenken der Abstammung allergrößtes Gewicht beigelegt wird, gilt als absolut zwingender Schluß: Im staatlichen Verfahren müssen zweifelhafte Abstammungen zu klären sein, und zwar schon nach geltendem Recht — wenn auch nicht nach den bestehenden Gesetzen —, nicht erst de lege ferenda.

Als staatliche Stellen, die die Abstammung mittels Vernehmung von Zeugen, Sachverständigen und Beteiligten zu prüfen und festzustellen haben, kommen nach der Organisation unseres Staates und dem Aufgabenbereich, den die Justiz im Staatsleben zu erfüllen hat, nur die Gerichte in Betracht.

b) Zivilprozeßverfahren!

Von den verschiedenen gerichtlichen Verfahrensarten stehen der Rechtsfortbildung, da das Strafverfahren ausscheidet, nur das Zivilprozeßverfahren und das der freiwilligen Gerichtsbarkeit zur Verfügung. Inhaltlich ist zwar die Abstammungsfeststellung keine Streitsache über gegenseitige Rechte und Pflichten, also keine Zivilprozeßsache, sondern eine Sache der freiwilligen Gerichtsbarkeit. Aber wie wir schon sahen, ist das nicht unbedingt dafür entscheidend, ob die Angelegenheit im Zivilprozeß oder in dem Verfahren der freiwilligen Gerichtsbarkeit zu erledigen ist. Neben der inhaltlichen Art der Rechtsangelegenheit sind vielmehr noch andere Gesichtspunkte für die Zuweisung in die eine oder die andere Verfahrensart maßgeblich; es entscheidet letzten Endes die reine Zweckmäßigkeit.

Das Zivilprozeßverfahren unterscheidet sich von dem Verfahren des FGG. durch eine größere Förmlichkeit und durch eine stärkere Heranziehung der Beteiligten. Das Erfordernis der Klageerhebung, der Zustellungszwang für Klage, Schriftsätze und Ladungen, die Terminsanberaumung unter Wahrung bestimmter Fristen und die feierliche Gestaltung der Termine und der Schlußentscheidung in ihrer Urteilsform, vor allem aber der Anwaltszwang vor den Landgerichten sind Kennzeichen dieser stärkeren Förmlichkeit. Die andere Eigenart, die starke Heranziehung der Beteiligten zum Verfahren, ihre Stellung als „Parteien", ist aber wohl das wesentlichste Unterscheidungsmerkmal des Zivilprozesses gegenüber dem Verfahren der freiwilligen Gerichtsbarkeit. Sie besteht u. a. in der grundsätzlichen Notwendigkeit, beide Parteien oder ihre Vertreter an jeder Verhandlung oder Beweisaufnahme zu beteiligen oder ihnen doch das Recht auf Anwesenheit oder Stellungnahme aufs Peinlichste zu sichern, ferner in der Pflicht zur Vorbereitung und Beibringung des gesamten Materials, sowie der Kostenpflicht für die Partei, die entweder die Pflicht zur Förderung des Streites nicht gehörig erfüllt oder im Ergebnis unterliegt. Beide Eigenarten leiten sich aus der Natur des Zivilprozesses als reiner Streitsache her. Hier kann der Staat die Kräfte der Beteiligten, die der Streit mobilisiert, zur Aufklärung der Angelegenheit verwerten; es gilt nur diese Kräfte durch Förmlichkeiten, z. B. den Anwaltszwang, den Schriftsatzzwang und evtl. Nachteilsfolgen (z. B. Kostenpflichten oder sachliche Nachteile) zu zügeln. Die Gerichtstätigkeit kann sich hier grundsätzlich auf die Lenkung des Streitvortrages und die Prüfung des von den Parteien herangeschafften Materials beschränken. Für die typischen Angelegenheiten des FGG., soweit sie überhaupt den Streitsachen ähnlich sind, gilt das nicht oder doch nicht in so ausgeprägtem Maße. Hier muß der Richter außer der Prüfung auch die Heranschaffung des gesamten Materials besorgen, wie es in Strafsachen Aufgabe der Staatsanwaltschaft und der Polizei ist.

Entscheidungen über Abstammungsstreitigkeiten sind zwar ihrem Inhalte nach Angelegenheiten der freiwilligen Gerichtsbarkeit, weil nicht ein Verhaltensstreit entschieden wird. Das Streiten selbst, die Form des Streites, vollzieht sich aber ganz so, wie es für reine Zivilprozeßstreitigkeiten typisch ist. Denn es gibt auch hier zwei Beteiligte, die grundsätzlich mit höchstem Eigeninteresse meist entgegengesetzte Standpunkte vertreten, nicht anders als wenn über Ehre, Namensrecht oder über familienrechtliche Rechte und Pflichten oder deren Grund, die Aufrechterhaltung der Ehe oder das Bestehen eines ehelichen Kindschaftsverhältnisses, gestritten wird. Die starke Ähnlichkeit eines Abstammungsfeststellungsstreites mit einem Statusstreit, wie er in den §§ 640ff. ZPO. behandelt ist, ist ja offensichtlich. Wie man dieses Verfahren, bei dem auch in der Regel ein scharfes Bekämpfen der gegenseitigen Standpunkte stattfinden wird, mit gutem Grunde der ZPO. unterstellt hat, obwohl es manchen Angelegenheiten des FGG. ähnelt, so hat das RG. m. E. zu Recht auch die Prüfung und Feststellung der Abstammung dem Zivilprozeßverfahren anvertraut. Die scharfen Gegensätzlichkeiten bei Abstammungszweifeln sind zur weitgehenden Beteiligung der Interessierten an dem Verfahren besonders gut geeignet. Dadurch wird im Interesse der schnellen und sicheren Aufklärung die Vorbereitung der Entscheidung in die Hände der Parteien gelegt, und dadurch wird anderseits den Belangen der Parteien selbst gedient, die größtes Gewicht darauf legen werden, selbst zu allen maßgeblichen Erörterungen und Prüfungen das Wort ergreifen oder zum mindesten dabei anwesend sein zu können und dieses Recht aufs genaueste durch entsprechende Förmlichkeiten gesichert zu sehen. Auf der anderen Seite bedürfen die scharfen Gegensätzlichkeiten, die die Abstammungszweifel meist zu einem Streit ausarten lassen, der Zügelung durch eine Förmlichkeit des Verfahrens, auch der äußeren Form nach durch die Verhandlung in Sitzungssälen, durch die feierliche Gestaltung der Verhandlung (Robenzwang), vor allem aber durch den Anwaltszwang und die damit verbundene stärkere schriftsätzliche Vorbereitung, wie es der Zivilprozeß bietet und vorschreibt.

Es dürfte daher richtig sein, daß das RG. grundsätzlich das Zivilprozeßverfahren für die Austragung des Abstammungsstreites gewählt hat, weil eben die Form des Streitens dieses Verfahren nötig und geeignet macht, obschon der Streit seinem Inhalte nach keine eigentliche Streitsache und daher inhaltlich eine Angelegenheit der freiwilligen Gerichtsbarkeit ist.

c) Unerheblichkeit der Zulässigkeitsfrage für bereits ergangene Urteile.

Aber es ist für die Frage der Rechtskraft der ergangenen Abstammungsurteile und den Umfang ihres Wirkungskreises nicht von entscheidender Wichtigkeit, ob man mit dem RG. zivilprozessuale Abstammungsfeststellungen überhaupt für zulässig hält. Auch wenn man der Auffassung ist, daß das RG. nach geltendem Recht zu Unrecht solche Klagen zuläßt, besteht die uns hier beschäftigende Problematik: Wie sind die tatsächlich im Zivilprozeß erfolgenden Abstammungsprüfungen zu behandeln? Man kann diese Frage auch nicht für unwichtig halten gegenüber der Frage, wie vielleicht künftig (de lege ferenda) die Frage nach der Zuständigkeit für Abstammungsfeststellungen zu regeln sein wird. Denn auf jeden Fall existiert schon jetzt eine sehr große Anzahl von Abstammungsurteilen, die auch bei künftig vielleicht anderer Regelung von Abstammungsfeststellungen fortbestehen. Für sie wird immer die Frage offen bleiben, wieweit sie eine anderweite Feststellung verbieten. Und auch für die schwebenden Abstammungsfeststellungen muß unabhängig davon, wie später das Verfahren gesetzlich geregelt werden wird, das jetzt richtige Verfahren gefunden werden.

2. Amtsuntersuchung und Beteiligung der Staatsanwaltschaft.

Ist danach die neuartige Gerichtsangelegenheit auch im Zivilprozeßverfahren zu erledigen — oder wird sie, wie es tatsächlich jetzt geschieht, im Zivilprozeßverfahren erledigt —, so ist damit doch noch nicht entschieden, daß etwa die Verhandlungsmaxime und die ausschließliche Herrschaft der Parteien über Stoff und Betrieb des Verfahrens auch hier gelten müßte. Die Heranziehung der Beteiligten in der Art, daß ihnen eine Parteistellung eingeräumt wird, hat diese Prinzipien durchaus nicht notwendig zur Folge.

Gute Beispiele für das Gegenteil bieten der Prozeß der Allgemeinen Gerichtsordnung und der österreichische Zivilprozeß und in unserem Recht die Statusprozesse über die Rechtsstellung eines Kindes als eheliches Kind sowie die Ehesachen. Für die Abstammungsfeststellungen kann ebensowenig wie in Ehe- und Kindschaftssachen die Verhandlungsmaxime und die sonstige ausschließliche Herrschaft der Parteien über das Verfahren gelten, denn das Ergebnis der Abstammungsprüfung und damit der Inhalt der Feststellung darf nicht von der Willkür der Parteien abhängen. Die Abstammung ist die wichtigste Kennzeichnung eines Menschen nach dem, was er blutmäßig an Körper und Seele darstellt. Diese Kennzeichnung ist ist nicht nur für den Betroffenen und seine Nachkommen, sondern auch für die Öffentlichkeit von größter Wichtigkeit. Es kann nicht der Willkür irgend jemandes überlassen werden, die Wahrheit darüber zu verfälschen. Das Bedürfnis nach objektiver Klärung ist mindestens so groß, wie das nach der Klärung der Rechtsstellung eines Kindes als eheliches Kind eines bestimmten Mannes, für das das Gesetz den Untersuchungsgrundsatz selbst eingeführt hat. Das Bedürfnis nach wirklicher Erforschung der Wahrheit ist im Gegenteil bei Abstammungszweifeln noch viel größer. Denn die Rechtsstellung als eheliches Kind ist noch der Willkür des „Vaters" unterworfen, der durch Klagerücknahme und Fristversäumung die Macht hat, ein nicht von ihm stammendes Kind zu seinem ehelichen Kinde zu machen. Wenn also schon für die Klärung der Familienrechtsstellung als eheliches Kind der Untersuchungsgrundsatz gilt, dann muß das für die Abstammungsprüfung erst recht gelten. Daraus rechtfertigt sich auch die dem gleichen Ziel dienende Beteiligung der Staatsanwaltschaft an dem Verfahren.

III. Keine Rechtskraft.

Das Reichsgericht hat für die Abstammungsfeststellungen die Rechtskraft offenbar als selbstverständlich hingenommen[4]), die wir jedoch in ihrer Eigenschaft von formeller Rechtskraft als sehr unzweckmäßig und in ihrer Eigenschaft von materieller Rechtskraft

---

[4]) Es scheint auch, als ob die Allgemeinverbindlichkeit des Urteils auch nur einfach aus der ZPO. übernommen worden ist, und zwar als die selbstverständliche Folge des Untersuchungsverfahrens nach dem Vorbilde des § 643. Auch Jonas-Pohle § 325, VI, 4 und Hellwig System I, 63 fassen die allgemeine Rechtskraft als Folge des Untersuchungsverfahrens auf. A. M. mit Recht: Sauer, Grundlagen des Prozeßrechts (2. Aufl.), S. 278 und vor allem Kuttner, Urteilswirkungen außer-

sogar als unwirksam erkannten. Tatsächlich zwingt aber nichts dazu, den Urteilen über die neuartige Abstammungsklage die normalen vollen Urteils- und Rechtskraftwirkungen des Zivilprozeßrechtes beizulegen, auch wenn die Klage im Zivilprozeß durchgeführt worden ist. Die unwiderrufliche und unwiderlegliche Urteilskraft ist nicht eine notwendige Folge dessen, daß ein Streit und seine Prüfung in der Form eines Zivilprozesses durchgeführt worden ist, sondern sie ist eine Unentbehrlichkeit für Rechtsstreitigkeiten der Einzelnen über ihre bürgerlichen Rechte und Pflichten, also darüber, wie sie sich zueinander zu verhalten haben. Mit anderen Worten: Die Rechtskraft ist nicht eine Folge der Form des Streitens oder Prüfens, sondern sie wird durch den Gegenstand des Streites notwendig. Die Abstammungsungewißheit ist kein Verhaltensstreit. Sie tritt nicht als Forderung zur Entscheidung eines Streites, sondern als Forderung zur Klärung der Wahrheit an den Richter. Deshalb ist es nicht richtig, die Urteilswirkungen des Zivilprozesses zu übernehmen, sondern es muß Umschau gehalten werden nach gerichtlichen Tatsachenfeststellungen, die nach Zweck und Inhalt der Abstammungsfeststellung ähnlich sind.

1. Beispiele gerichtlicher Tatsachenfeststellungen.

a) Beurkundungen.

In der Form von Beurkundungen kann das Gericht oder der Notar Tatsachen feststellen[5]). Zwar kennt das geltende Recht nur die Beurkundung eines sinnlich wahrgenommenen Zustandes oder Vorganges[6]). Aber selbst diese Feststellungen sind widerleglich. Das hat das Gesetz in guter Selbstbegrenzung mit § 415 II ZPO. klargestellt, in dem der Gegenbeweis gegen öffentliche Urkunden aus-

halb des Zivilprozesses, S. 64, der ausführt, daß sonst alle Urteile nach der alten Preuß. Allgem. Gerichtsordnung und ferner die Urteile nach Österreichischem Recht stets allgemeine Rechtskraft haben müßten, weil dort die Inquisitionsmaxime gegolten habe, während dem Versäumnisurteile, durch das in unserem Rechte eine Ehenichtigkeitsklage abgewiesen wird, keine allgemeine Rechtskraft zukommen dürfte.

[5]) Solche Tatsachenbeurkundungen sind grundsätzlich zulässig. Eine allgemeine Zuständigkeit ist in Preußen durch Art. 31 PrFGG. bestimmt.

[6]) Rietsch, Handb. d. Urkundenwissenschaft, 2. Aufl., S. 421; Schlegelberger, FGG. Art. 31 Anm., 3. Wo auch nur die geringste Wertung oder Beweiswürdigung mitspricht, ist schon die Tatsachenbeurkundung unzulässig, z. B. bei der Feststellung, daß Handelsbücher keine Rasur enthalten und ordnungsmäßig geführt seien: Josef, JW. 06, 627; Schlegelberger a. a. O.

drücklich zugelassen ist[7]). Es sind auch Beurkundungen zulässig, die von einer bereits vorliegenden Beurkundung abweichen. Es ist durchaus nicht verboten, daß z. B. dann, wenn eine Tatsache versehentlich falsch beurkundet ist, in einer folgenden Urkunde der Irrtum richtig gestellt wird. Für Beurkundungen gilt also, daß sie weder unwiderleglich noch unwiderruflich gelten. Das gilt also bei Beurkundung, die das Gericht auf Grund unmittelbar getroffener sinnlicher Wahrnehmung vornimmt! Und da sollten Tatsachenfeststellungen, die auf Grund von Beweiserhebungen und Beweiswürdigungen erfolgen, unwiderleglich sein! Das kann nicht richtig sein.

b) Tatsachenfeststellungen auf Grund einer Beweiswürdigung.

Unsere Rechtsordnung kennt auch gerichtliche Tatsachenfeststellungen, die nach einem Beweisverfahren und nach einer Beweiswürdigung ergehen. In erster Linie ist hier die Todeserklärung zu nennen. Vor der Neuregelung durch das Verschollenheitsgesetz vom 4. 7. 1939 war die Ähnlichkeit mit den Abstammungsklagen besonders offensichtlich. Auch die Todeserklärung wurde im Zivilprozeß (§§ 960ff. ZPO.), und zwar im Amtsprüfungsverfahren (§ 968 ZPO.) durchgeführt und doch hatte sie nur die Wirkung einer Vermutung (§ 18 BGB.), war also widerleglich. Durch das Verschollenheitgesetz ist das Verfahren zu einer Angelegenheit der Freiwilligen Gerichtsbarkeit gemacht worden (§ 13 Versch.Ges.). Aber nach wie vor gilt das Amtsprüfungsverfahren[8]) und die Entscheidung hat nur Vermutungskraft, auch wenn sie vom Gesetz als Rechtskraftwirkung bezeichnet wird; sie ist also ebenfalls widerleglich. Der Beschluß ist sogar, obwohl er formelle Rechtskraft erlangt[9]), doch widerruflich. Er muß aufgehoben werden, wenn er falsch war[10]).

---

[7]) Nur eine scheinbare Ausnahme bildet der § 164 ZPO. Dort ist gesagt: „Die Beobachtung der für die mündliche Verhandlung vorgeschriebenen Förmlichkeiten kann nur durch das Protokoll bewiesen werden. Gegen den diese Förmlichkeiten betreffenden Inhalt desselben ist nur der Nachweis der Fälschung zulässig." Dreierlei mildert diesen Rechtssatz: Die Protokolle können und müssen bei sachlicher Unrichtigkeit berichtigt werden (allgem. Meinung; vgl. RG. 149, 312; RArbG. 30, 1528; Jonas-Pohle § 159 III), sie sind also nicht unwiderruflich. Ferner ist die Beurkundung im Protokoll nicht nur Beweismittel, sondern auch Formvorschrift, jedenfalls hinsichtlich der Förmlichkeiten. Ohne Beurkundung ist die vorgenommene Handlung nicht wirksam. Und schließlich gilt der Ausschluß des Gegenbeweises nur für die rechtliche Beurteilung dieses Rechtsstreites, nicht aber ganz allgemein.

[8]) Das ergibt sich aus § 13 Versch. Ges., § 12 FGG.

[9]) Nach § 26 ist die sofortige Beschwerde vorgeschrieben.

[10]) Nach § 30 kann der Verschollene selbst oder der Staatsanwalt die Aufhebung der Todeserklärung beantragen, wenn der Verschollene die Todeserklärung überlebt hat.

Eine weitere Parallele für die Abstammungsklagen ist die Regelung des Verfahrens zur Berichtigung des Personenstandsregisters[11]). Hier haben die Gerichte ebenfalls von Amts wegen die Wahrheit zu erforschen (§ 12 FGG.), gleichwohl hat die Anordnung, daß das Personenstandsregister zu berichtigen ist, nur die Wirkung, daß nunmehr die Eintragung nach § 60 PStG. zwar vollen Beweis begründet, aber doch widerleglich ist. Und obwohl der Beschluß auch formelle Rechtskraft erlangt (arg. § 70 FGG.), kann doch auf Grund der alten Tatsachen oder auf Grund neuer Tatsachen eine Rückberichtigung angeordnet werden[12]).

2. Ergebnis.

Wo unser Rechtssystem gerichtliche Tatsachenfeststellungen kennt, haben diese gleichgültig, ob sie in Form eines Urteils oder Beschlusses ergehen, und gleichgültig, ob sie auf einer unmittelbar sinnlichen Wahrnehmung des Gerichtes oder auf einer Beweisaufnahme beruhen, nur die Bedeutung eines Beweismittels oder einer Vermutung; stets aber sind sie widerleglich, zum mindesten in Form der Widerruflichkeit der Feststellungen.

Diesen Grundsätzen muß auch die Abstammungsprüfung angepaßt werden. Sie darf, auch wenn sie im Zivilprozeß durchgeführt wird, nicht zu einer Feststellung führen, die unwiderruflich ist und dadurch den Anspruch der Unwiderleglichkeit erhebt. Man mag ihr wie der Todeserklärung eine für bürgerlich-rechtliche Streitigkeiten wirksame Vermutungskraft für und gegen alle beilegen. Aber eine materielle Rechtskraft der Abstammungsurteile muß verneint werden. Diese Rechtskraft kann rechtlich nicht bestehen, soweit die Abtammungstatsache Voraussetzung für rechtliche oder tatsächliche Schlußfolgerungen ist (vgl. oben Hauptteil I); und sie ist untragbar, nämlich einerseits gänzlich sinnlos und anderseits nur nachteilig, soweit es sich um die Rechtskraftwirkung gegenüber späteren Zivilprozessen auf Abstammungsfeststellung handelt (vgl. § 5). Die Anstrengung nutzloser Wiederholungsprozesse würde der Prozeßkostenpunkt und bei „armen" Parteien die Armenrechtsverweigerung wegen Aussichtslosigkeit einer nochmaligen Klage verhindern. Tatsächlich hat ja auch das Verfahren zur Berichtigung des Personen-

11) §§ 47ff. PStG., 69ff. FGG.

12) RG. JW. 09, 736; KG. KGJ. 39, A, 41; Schlegelberger FGG., § 16 Anm. 8 u. § 70 Anm. 4; Stölzel, Personenstandsgesetz, 5. Aufl., § 47 Anm. 5.

standsregisters trotz des Mangels der materiellen Rechtskraft nicht unter lästigen Wiederholungsanträgen gelitten!

Die normale volle zivilprozessuale Rechtskraft hat das Reichsgericht selbst den Abstammungsurteilen schon in einer bedeutungsvollen Hinsicht genommen und damit den Weg eröffnet, für Abstammungsklagen auch weitere Abweichungen von der normalen Rechtskraft einzuführen. Die Urteile, die die begehrte — positive oder negative — Abstammungsfeststellung nicht aussprechen, sollen keine verbindliche Kraft haben. Das hat das Reichsgericht, wenn auch nicht ganz eindeutig, entschieden, so doch zum mindesten hinreichend angedeutet, wenn es sagt[13]): „Ergibt sich dabei, daß die Klage nicht deshalb abgewiesen worden ist, weil das Gegenteil der begehrten Feststellung ungeklärt ist, so ist diese nicht — bejahend oder verneinend — festgestellt, bleibt vielmehr im Ungewissen." Das hat man doch wohl dahin zu verstehen, daß nichts, auch nicht die Ungewißheit, verbindlich festgestellt ist. Es könnte also, obwohl ein echtes sachentscheidendes Urteil mit formeller Rechtskraft vorliegt, später und in einem anderen Verfahren noch sehr wohl der Beweis in der einen oder anderen Richtung geführt werden. Hier haben wir ein Abstammungsurteil, das zwar die Abstammungsfrage prüft und das Ergebnis der Prüfung auch ausspricht, ohne aber diesen Spruch unwiderleglich und unwiderruflich zu machen. Von dieser Rechtsprechung ist es nur noch ein kleiner Schritt zu der völligen Aufgabe der materiellen Rechtskraft der Abstammungsurteile. Wird dieser Schritt gemacht, dann würden die Abstammungsurteile den Zweck voll erfüllen können, den sie für den einzelnen Menschen wie für die öffentlichen Belange erfüllen sollen:

Gerade dann, wenn sie keine Rechtskraft genießen, also keinen die Wahrheit gefährdenden oder gar ausschließenden Zwang enthalten, würden sie einer nachträglichen Berichtigung zugänglich sein und sie würden das menschlich höchst erreichbare Prüfungsergebnis über die Abstammungsungewißheit darstellen und deshalb von allen Gerichten, Behörden und Privatpersonen die höchstmögliche Beachtung haben, die überhaupt eine Tatsachenfeststellung gewinnen kann.

---

[13]) RG. 164, 285.

Gedruckt bei A. W. Hayn's Erben, Potsdam

Kolibri 360 GmbH
Ferdinand-Jühlke-Straße 7
99095 Erfurt, Deutschland
produktsicherheit@kolibri360.de